JN006858

ラリルレロボットの未来

5分類からみえてくる人間とのかかわり

斎藤成也・太田聡史［著］
Saitou Naruya, Oota Satoshi

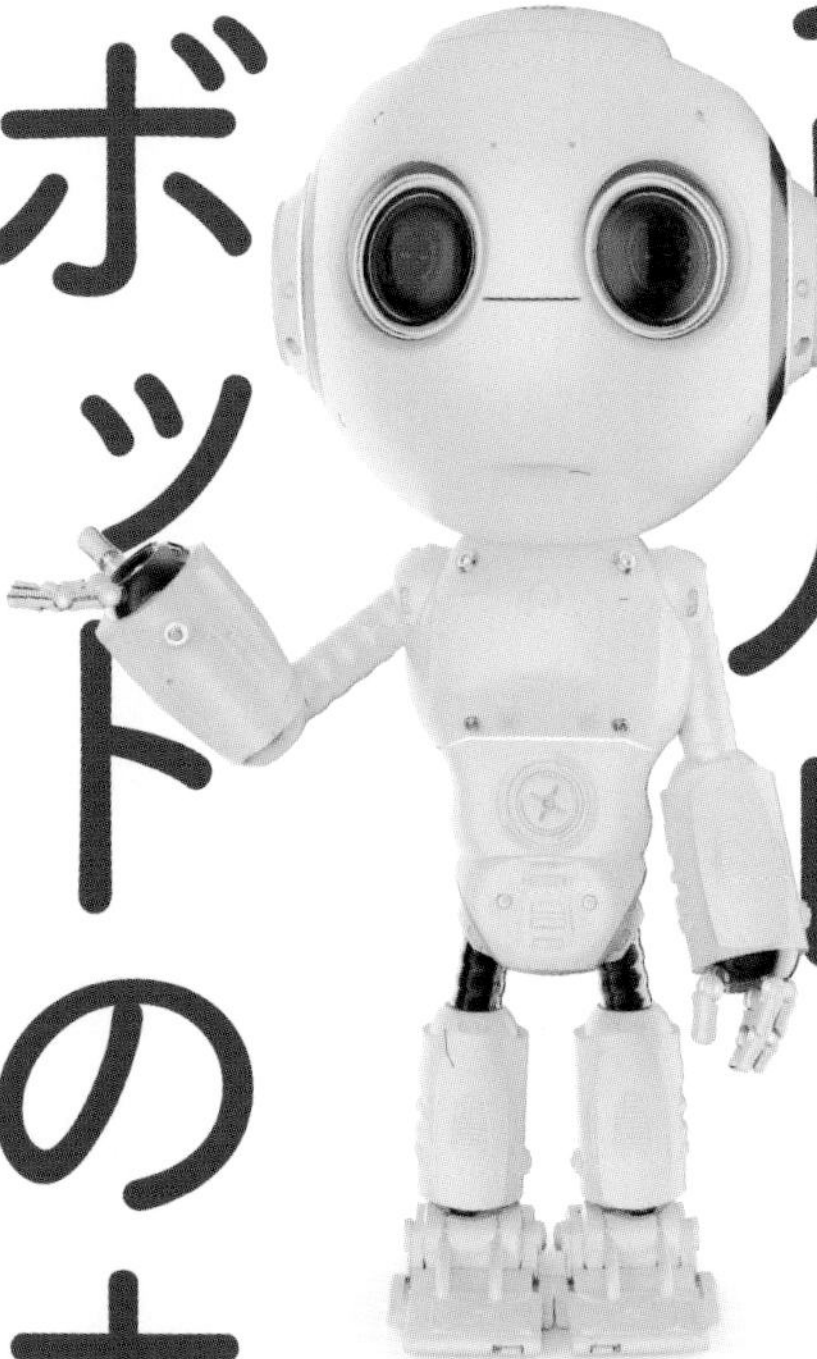

勁草書房

本書をカレル・チャペックに捧げる

はしがき

あなたがある小説を読んでいるとしよう。その小説を書いたのは、著名な作家かもしれないし、あまり知られていない、まだかけだしの新人作家かもしれない。しかし、あたりまえだが、だれにしても小説家には違いない――ある小説を書いたのだから！　すると、すべての小説は、「小説家」という人間のなかの特定のグループ（集合）によって生みだされたものである。したがって、多様な人間をとらえているとされる小説であっても、人間のなかの部分集合にすぎない小説家が書いたものだという制限は、つねに存在する。

いわゆる「ロボット」に関する研究書にも、似たような問題がある。世の中には「ロボット」研究者が多数存在する。「ロボット」に関する研究書の多くは、彼らの書いたものだろう。しかし、それはあくまで「ロボット」を研究している人からみたものであり、やはりある偏りをもつ可能性がある。少なくとも、「ロボット」という対象に「思い入れ」があるから、彼らはそれを研究しているのであり、「ロボット」の利用が発展すべきだという論旨で議論が進む可能性が高い。ところが、われわれふたりの著者は、もともと生物学・人類学の研究者であり、「ロボット」そのものを研究対象とはしていない。このため、本書ではいわゆる「ロボット」について、より客観性のある論考をできるのではないかと自負している。もっとも本書で言及されているように、太田聡史は最近ロボット学研究者との共同研究をはじめている。

われわれは評論家やジャーナリストではない。別の分野の研究者として、「ロボット」研究者におもねる必要のない立場で、「ロボット」から距離をおいて議論することにより、本書では新しい観点をいろいろと提示できるのではないかと期待している。

現在、いわゆる「ロボット」に関連する分野としては、自動運転ドローン、AI（Artificial Intelligence: 人工知能）など、爆発的に拡大している。ふつうの意味でのロボットの制作にはかかわっていないわれわれふたりの研究者による本書が、ひろい意味での「ロボット」論に一石を投じることができれば、さいわいである。

なお、第0章と第1章は斎藤が執筆したが、第2章と第3章は、節によって斎藤と太田がそれぞれ主担当となっている。第4章は、全体を太田が主担当であり、第5章も、冒頭の節以外の三つの節は太田が主担当である。目次に、章あるいは節ごとの主担当を＊（斎藤）と†（太田）のマークによって付記した。いわゆる「ロボット」に対するスタンスが、ふたりのあいだでかなり異なっているので、節によって雰囲気が異なっているかもしれないが、あえて統一することなく、それぞれの著者の独自性を保つことにした。ただし、本書で提唱した、ラボット、リボット、ルボット、レボット、ロボットという、いわば「ロボット五段活用」の枠組みは、本書の中核であり、この点については統一的な見解のもとに、斎藤も太田も議論を展開している。

ラリルレロボットの分野は、文字通り日進月歩である。そこで、斎藤成也の研究室ウェブサイトに本書のホームページを設けて、追加や修正情報を提供することにした。ウェブサイトのアドレスは以下のとおりである。http://www.saitou-naruya-laboratory.org/My_books/LaLiLuLeLobot.html

本書が今後の人間社会の構築に、なんらかの新しい視点を与えることを願いつつ。

二〇一九年一二月二五日

斎藤成也

ラリルレロボットの未来

5分類からみえてくる人間とのかかわり

目次

章扉挿絵＝太田聡史

第0章　ロボットを分類整理するために

0・0　これまでのロボットの定義とその多様性

ロボット。この魅力的な名前のもとに、あまりにも多くのマシンがこれまで造られ、語られてきた。日本工業規格（JIS B 0134:1998）[1]では、産業用ロボットを「自動制御によるマニピュレーション機能又は移動機能をもち、各種の作業をプログラムによって実行できる、産業に使用される機械」と定義しているが、そのほかにも、移動ロボット、軌道制御ロボット、シーケンスロボット、プレイバックロボット、数値制御ロボット、知能ロボットなどの定義がつぎつぎに登場する。なかには、「適応ロボット」という、環境への「適応」をすぐに思い浮かべてしまうわれわれ生物進化の研究者には、意味不明のものまである。いずれにしても、これらの定義は、ロボット全般を考察するには、あまり有用ではないように感じられる。労働安全衛生規則第三十六条三十一号[2]にも、おそらくこのJIS規格に影響されたと思われる、産業用ロボットに関する説明がある。

経済産業省の外郭団体であるNEDO（新エネルギー・産業技術総合開発機構）が二〇一四年に発表した『ロボット白書』[3]には、もうすこしくわしい解説が、第1章「ロボットについて」の第1・1節「ロボットの定義」にある。この節の冒頭では、まず「ロボットについて完全に一般性をもった定義というのは実は存在しない」と宣言されている。そのあとに、いろいろな研究者の定義を紹介しているが、なかには「ロボットとは他の自動機械との区別はあまりはっきりしていなくて、かなり気まぐれ的で商業主義的なところがあり、また時間的にも意味は移り変わっている」という、定義を放棄したかのような意見もある。最後のほうで、二〇〇六年に発表されたロボット政策研究会報告書が紹介されているが、この研究会の報告書[4]では、「センサー」、「知能・制御系」及び「駆動系」の三要素があるものを「ロボット」とひろく定義している。「知能」という単語にはやや違和感をおぼえるが、これはいわゆる「弱い人工知能」を指すのだろう。その他については、かなりいい定義なのかもしれない。しかし、ロボットの多様性を考察するには、やはり十分とは言えないのではないだろうか。

梅谷陽二は、『ロボットの研究者は現代のからくり師か?』[5]の「ロボットを定義できるか」という節のなかで、いろいろと論じている。論理学的な定義を試みたり、時代背景からの考察を行なっている。しかし、この節のすぐあとの「知能機械としての二、三の基本的課題」は、「日本ではロボットは永遠に定義できないかもしれない」という文からはじまっている。「日本では」と限定することがよくわからないが、とにかくロボット研究の碩学にとっても、おてあげということのようだ。

実際のところ、ちまたに氾濫する「ロボット」という言葉に含まれるモノは、マシン（機械）とほぼ同義語ではないかと思われるぐらい、多様だ。一般人がふつうにロボットという単語から思い描くのは、ヒト型ロボットがもっとも多いのではないだろうか。しかし、ヒト以外のいろいろな動物に似せたロボットも存在するし、ドローン（無人飛行機）や自動運転で動く自動車、床の自動掃除機、さらには人間に装着する歩行などの補助装置（ロボットスーツ）も、ひろい意味での「ロボット」に含まれることがある。移動しないマシンも、ロボットととらえられる場合がある。エアコンがその例である。ふつうは壁か天井に固定されているが、最近ではフィルターを自動で掃除するのでロボット機能があるという宣伝文句がある。動かないという点でいえば、センサー付きライトもそうだが、あれは一種ロボット的な感じがしないだろうか？　最近普及しているスイッチ付きではない、センサーで人間の接近を感知して開く本来の自動ドアも、ロボット的なイメージがある。このように、きわめて複雑な動作をするものから、比較的単純なものまで、ロボット的なマシンはとても多様である。それらにいちいち形容詞をつけて「なんとかロボット」、あるいは名詞をつけて「ロボットなんとか」としているのが現状である。

0・1　あまりにも多様なロボットを分類整理するには——五分類のアイデア

著者のひとりである斎藤は、このようなロボットの定義の現状に疑問を抱き、二〇一〇年ごろに、いろいろな種類のロボットを多段階に分類してはどうかという発想を抱いた。そこで、もともとはチェコ語から由来し[6]、英語では robot とつづられるが、日本語では「ロボット」として定着している単語に着目した。そして、ラボット、リボット、ルボット、レボット、ロボットという五種類の言葉を考えついたのである。最初は、以下の五段階を考えた。

ラボット：CPU（Central Processing Unit）を持たない「ロボット」
リボット：CPUを搭載するが、静止したままで作業をする「ロボット」
ルボット：CPUを搭載し、移動するが、外部の指令で動く「ロボット」
レボット：CPUを搭載し、移動し、自身の判断で動くが、ヒト型ではない「ロボット」

ロボット：真の意味でのロボット（CPUを搭載し、移動し、自身の判断で動く、ヒト型）

ところが、やはりコンピュータ抜きには広義の「ロボット」は論じられないだろうと考えをあらためて、数か月後にはつぎの五段階に変更した。

ラボット：CPUを搭載し、広義のセンサーを持ち、静止したままで作業をする
リボット：CPUを搭載し、広義のセンサーを持ち、外部の指令で動く
ルボット：CPUを搭載し、広義のセンサーを持ち、人間がなかに入るかあるいは一体となって操縦する
レボット：CPUを搭載し、広義のセンサーを持ち、移動し、自身の判断で動くが、ヒト型ではない
ロボット：狭い意味でのロボット（ヒト型）

最終的には、CPUを持たないセンサーライトもラボットに入れたかったので、ラボットだけはCPUをはずして、「広義のセンサーを持ち、静止したままで作業をする」という定義にした。

この五段階分類が、本書の核のひとつとなっている。ところが、本書を執筆中の二〇一七年になって、NHKの「おかあさんといっしょ」という番組に、「ラリルレロボット」(7)という歌（作詞：関和男、作曲：中村弘明）があることを指摘された。一九八〇年代前半からこの番組で歌われ続けているそう

だ。何かのきっかけでこの歌を聴いて、それが頭に残ったのかもしれないと思い、YouTubeで聴いてみたが、聞き覚えはなかった。

本書の第1章では、「ラボット」から「ロボット」までのこれら五種類を、具体例をあげて説明する。なお、これらの議論をもとにして、斎藤は二〇一八年一〇月に静岡県三島市で開催された日本人類学会で、〈広義の「ロボット」を五種類に定義する〉と題したポスター発表を行なった。その英文抄録が、日本人類学会の機関誌である *Anthropological Science* に掲載されている。(8) 第2章ではこれらが人間とどうかかわっているのかについて、いろいろな利用環境ごとに論じる。「ラボット」から「レボット」四種類の未来を第3章で論じ、狭義の「ロボット」であるヒト型の「ロボット」の未来は、重要なので単独の第4章で論じた。最後に第5章で、ラリルレロボットの文化的意義を述べる。

第1章　「ロボット」を五分類する

1・0　ラボットからロボットまでの五段階を定義する

第0章で、ラボット、リボット、ルボット、レボット、ロボットという、五段階の新分類について、ちらりと触れた。この章では、もっとくわしく、具体的な例をあげながら、これら五段階について説明してゆく。そもそも、よく使われる言葉は、発音しやすく、しかも短いものだ。そこで、日本語の母音が五種類なので、ラ行のラ〜ロではじまる五個の単語を考えたのである。わかりやすいところからはじめるため、第五段階から順にさかのぼって説明する。また、表1－1にこれら五種類のマシンについて、要約を掲載した。[1] なお、アルファベット表記では、Rを用いずLを用いて、Labot, Libot, Lubot, Lebot, Lobotとする。[1] また、これら五種類の総称は、ラリルレロボット（LaLiLuLeLobot）と呼ぶことにする。なお、馬場伸彦[2]によれば、戯曲「ロボット」を書いたカレル・チャペックは、最初労働者を意味するチェコ語ラボル（Labor）を考えていた。とすれば、RではなくLを用いるのは、本来のカレル・チャペックのアイデアにもどるという意味も出てくるだろう。

第五段階のロボット（Lobot）は、狭い意味の「ロボット」だ。すなわち、ヒト型である。ふつうは、人間とほぼ同じような大きさである。またヒトのように直立二足歩行で動くことが一般的であり、外部からの電波などの指令なしに、自律的に動く。このため、必然的にからだの動きの制御をするために、コンピュータの中枢であるCPU（Central Processing Unit; 中央処理装置）を有し、また外界の状態をさぐるために、さまざまな種類のセンサー（sensor; 検知器）を持つ。ロボットはヒト型だが、頭

表1-1　ラリルレロボットの定義

ラボット	広義のセンサーを持ち、静止したままで作業をする
リボット	CPUを搭載し、広義のセンサーを持ち、外部の指令で動く
ルボット	CPUを搭載し、広義のセンサーを持ち、人間がなかに入るかあるいは一体となって操縦する
レボット	CPUを搭載し、広義のセンサーを持ち、移動し、自身の判断で動くが、ヒト型ではない
ロボット	狭い意味でのロボット（ヒト型）

から足にいたるまで人間にそっくりな形態のものは、二〇一九年現在、小説や映画のなかにしか存在しない。人間に類似した形態のロボットはたくさんあるが、人間と見間違えることはないだろう。ロボットでなくても、人間をまねたものであれば、マネキンやろう人形があるが、それらも人間と勘違いする人はいないだろう。人間が人間を識別する能力は、きわめて高いからである。この点については、「不気味の谷」という現象がよく知られており、第4章で論じる。いずれにせよ、真の意味でのロボットは、開発途上である。

第四段階のレボット（Lebot）は、ロボットと類似しているが、大きく異なるのは、ヒト型ではないという点である。しかし自律的に動くという点では、ロボットと同一であり、CPUやセンサーを持つ。ヒトに類似した大きさという、ロボットに付された性格がないので、極小なものから巨大なものまで、レボットにはいろいろな種類が考えられる。かつてソニーが開発して一世を風靡したアイボ[3]は、イヌのかたちをしており、本書での分類では、レボットである。最近急速に普及している床自動掃除機も、レボットに分類される。レボットは、まだまだ発展途上だと考えられる。ヒト型であっても、現実の人間の大きさと大きく異なる「ヒト型ロボット」は、本書ではレボットと分類する。開発者がヒト型と主張する、人間と同じような大きさのものであっても、人間とはかけはなれた形状のものは、ロボットとは言いがたい。一九七三年に早稲田大学で開発されたWABOT-1[4]は、「世界初の本格的人間型知能ロボット」ということになっているが、二一世紀のわれわれから見ると、人間に似ているとはいいがたく、本書ではレボットに分類する。それに対して、フィクションではあるが、手塚治虫が創造した鉄腕アトムは、ロボットといっていいかもしれない。

第三段階に位置するルボット（Lubot）は、人間がなかに入り、あるいは一体となって操縦するタイプである。自動車は代表的なルボットである。初期の自動車は内燃機関で動くのみであり、CPUはなかったが、最近の自動車は急速にひろい意味でのロボットになってきており、自動運転技術が開発されつつある。こうなると、自律的に動くヒト型ではないレボット的なふるまいとなる。人間が乗り込むまで、自動的に移動する自動車は、レボットであり、人間が乗り込んで目的地を告げると、ルボットとみなされることになるのだろうか。ここでは、人間との関係を重視して、自動運転できる自動車はどんなタイプであっても、人間が乗ることを前提としているので、ルボットとみなすことにする。

第二段階のリボット（Libot）は、CPUやセンサーを持って動き回るが、外部の指令で動く。最近急速に利用が広がりつつあるドローン（無人飛行機の一種）は、リモコンで操作されている場合には、リボットである。一方、ドローンが完全に自律的に動く場合には、レボットとみなされる。自律的に動くのは、作業環境にもよるが、かなり工学的にむずかしいので、みかけが同じであっても、明確に区別するべきだろう。このように、外部の指令なしに自律的に動くようになると、リボットはレボットにいわば進化するので、将来的にはリボットは限定的な利用になってゆくだろう。

第一段階のラボット（Labot）は、センサーを持ち、静止したままで作業をする。内部に駆動部を持つ場合もあるが、設置されている場所から移動することはない。第二〜第五段階のリボット〜ロボットと異なり、ラボットはCPUがない場合もある。移動しないために、複雑な制御が必要ないからである。第1章でも触れたが、センサー付きLEDライトは、ラボットに含まれる。ずっと複雑なモノとしては、現在開発が進んでいるいわゆるロボット化されたハウスも、ラボットとみなすことができる。第二段階のリボットと異なり、ラボットにはまだまだ発展すべき余地が大いにあると考えられる。

なお、ラリルレロボットの共通部分である「ボット」（bot）は、ある英英辞書[5]によれば、おもにサイエンス・フィクションにおいて、ロボットの省略形として使われてきたようだ。ここからの概念拡張なのかどうかはよくわからないが、インターネットシステムにおいて、自動化された一連の命令を実行するシステムも、ボットと呼ばれる[6]。

1・1　ラボット

ここでは、ラリルレロボットの第一段階に位置づけたラボット（Labot）について、もっと具体例をあげて論じる。ラボットはセンサーを持ち、静止したままで作業をする。センサーは、場合によってはきわめて簡単なものでありうる。斎藤は一九九九年に情報学関係の雑誌に寄稿した文章[7]で「ししおどし」を論じたが、そこではつぎのように説明している。

竹筒に流水が注がれ、ある限度に来ると水の重みで竹筒が大きく傾き、石にあたって独特の音を発する。とともに水を吐き出し、軽くなった竹筒は再び水を誘い入れる。発する音によって鹿を驚かせることから、しし(鹿の意)脅しと呼ばれる。

ししおどしは、竹筒に入る水の量を検知しているという意味で、原始的なセンサーを持っているといえるだろう。ラボットは人間に奉仕するためのモノであり、CPUどころか、電子素子すら持っている必要はないのである。

ししおどしと原理は違うが、やはり電子素子がないものとして、数十年前に日本で流行した水飲み鳥がある。これは鳥のおしりの部分に低温で液化する液体が入っており、熱で蒸発すると気体が頭部分にたまってゆく。ししおどしに似たフィードバックにより、鳥が首をかしげる動作を連続させるというものだ。ドイツから移住した米国でこの鳥の動作をみたアインシュタインが、しばらくその動作原理がわからなかったというエピソードがある。(8) 鳥が動くエネルギーは、実は地球大気から来ているのである。

とはいえ、ラボットの将来を考えると、もっと複雑なシステムの例をあげるべきだろう。そこで、最近急速に普及しているフェリカ読み取り装置を、ラボットの代表例としてとりあげたい。FeliCa(フェリカ)(9) はソニーが開発した非接触型のICカードである。関東地域ではSuicaやPASMO、関西地域ではICOCA、中京地域ではTOICAなどの愛称で親しまれているあのカードだ。最近はホテルのカードキーもこの型式が増えてきている。国際標準規格としてはNFC（Near Field Communication）という名称で呼ばれている。[10] 人間が持ち運ぶが、それ自体では動くことができないので、本書ではラボットと考える。

交差点の信号機も、発展したかたちになれば、ラボットになる。現在でも感知型信号機があるが、信号に小型カメラを設置し、複数方向の車の流れを観察することにより、ダイナミックに信号がきりかわる時間を変化させることができるだろう。車と信号のあいだで情報をやりとりすることも考えられる。交通システムに関係したラボットについては、第二章の2・3節で論じる。

太陽光発電パネルも、ラボットの一種ととらえることができる。光を検知して電気を発生するからである。バッテリーと組み合わせる方向で実用化が進んでいるようだが、水を電気分解して水素を貯めれば、バッテリーにかわるものになるかもしれない。面的なソーラーパネルだけでなく、小さな球状の太陽光発電ユニットを多数敷き詰めたものも考案されており、[11] このようなパネルは太陽光の至適角度がないと考えれば、屋根だけでなく、壁にもソーラーパネルを貼ることが可能になる。

すでに言及したが、家全体をラボットと考えることもできる。自動車で実現している技術を用いれば、家の鍵をなかにおいたままで家を出ようとしたら、アラームが鳴ったり、家の玄関を出ようとするときに、どこかの窓が閉まっていないと、なんらかの方法で通知したりすることは、現在の技術で十分実用可能だろう。これらラボットハウスのさまざまな機能については、第2章の2・1節で論じる。

パソコンも、キーボードをセンサーだとみなすことができる。一定時間以上キーボードの入力がないときにはスリープモードに入るから、ラボットと呼べるだろう。タブレットも同様だ。スマートフォンもタブレットもパソコンの一種とみなせる。持って歩くものだが、自身が動くわけではないので、これもラボットだ。腕時計や眼鏡などの形態をしたウェアラブル端末も、ラボットとみなすべきだろう。

スマートフォンやタブレットを含む広義のパソコンは急速に進化している。カメラによる本人認証や指紋認証でロックを解除する機種はすでに存在する。さらにセンサーが発達すれば、パソコンの所有者が近づいただけで自動的に電源が入り、所有者がパソコンから一定距離以上離れたら、自動的に電源が切れるようになるだろう。

1・2 リボット

ラボットと異なり、リボット以降の段階では、すべて本体が移動することができる。これらのなかで、CPUを搭載し、外部の指令で移動するのがリボット（Libot）である。むかしから使われてきたラジコンで動く飛行機や自動車、最近急速に開発が進む、人間が操作するタイプのドローン（無人飛行機）もリボットである。また遠隔操作を用いる手術システムも、リボットに分類される。一九八八年からはじまったROBOCON[12]は、現在でも全国の高等専門学校の選手権として著名である。ここで戦わされるマシンは、人間の遠隔操作をともなうので、リボットだ。災害救助用に開発された一連のマシンも、災害救助隊員が遠隔操作するリボットである。[13]

小惑星イトカワから貴重なサンプルを持ち帰った人工衛星ハヤブサも、日本のコントロールセンターからの指令を受けて動いたので、リボットの側面がある。側面という言葉を使ったのは、人工衛星の場合、自律的に動いている時間が大部分であるからだ（第2章の2・10・3節を参照されたい）。つねに自律的に動くようになると、リボットはレボットとみなすべきである。もっとも、はじめに人間がスイッチを入れる動作も人間の操作と考えると、真に自律的なレボットは存在しないことになる。リボットもレボットも、人間の役に立つために存在しているはずだ。マシン全体やマシンの一部の動きを人間が外からコントロールする場合には、リボットだと考えることにしたい。人間がマシンのなかに入ってコントロールする場合は、ルボットである。

マシンの動作を制御するCPUやセンサーの能力がどんどん高まってゆけば、リボットは順次自律移動をするレボットやロボットに変化してゆくだろう。すなわち、リボットは、レボット・ロボットへの発展途上の状態であるといえる。この観点は、人間によるコントロールがどれだけ繊細であり、AIを含むコンピュータの能力を凌駕し続けるかにかかっているといえよう。

1・3　ルボット

CPUを搭載し、広義のセンサーを持ち、移動し、人間がなかに入って、あるいは一体となって操縦するマシンが、ルボット（Lubot）である。本章1・0節で論じたように、自動車はルボットの代表だ。やや特殊になるが、ブルドーザーやショベルカー、フォークリフトなども、人間が乗り込んで操縦するものはすべてルボットである。人間が運転する飛行機も、有人ロケットも、ルボットである。丸木舟やボートだとルボットとはいいにくいが、最近の大型船はCPUが搭載されているのがふつうであり、これらもルボットだ。セグウェイ(14)を代表とする自動二輪車も、当然ルボットである。

こうなると、ルボットではない人間の乗り物のほうが少数派になる。自転車やスケートボード、小児が乗る三輪車ぐらいだろうか？　電車は、やや考察が必要だろう。運転手と客という二種類の人間がいるからだ。運転手がいる通常の電車はもちろんルボットだが、ゆりかもめ(15)のような、運転手なしの無人交通システムはどうだろう？　自動運転の車でもルボットに分類したので、乗客だけの場合にも、人間が乗っていることを重視して、無人運転の電車もルボットとしよう。オートパイロットシステムで飛行する飛行機であっても、乗客が乗っているかぎりは、ルボットだ。これら交通システムに関係するルボットについては、第2章の2・3節で論じる。

電動アシスト自転車は、人間がペダルを踏む力をセンサーで把握してモーターが駆動するので、ルボットに含んでもいいだろう。人間が身につけるパワードスーツ(16)も、人間がなかに乗っているわけではないが、ルボットとする。日本ではHALやマッスルスーツ（東京理科大で開発されたもの）(17)が著名である。

リボットと異なり、ルボットは人間が乗り込んで移動する物体が存在し続けるかぎり、安泰である。完全な自動運転になっても、人間が乗っているという状態は変化しないからだ。それによって、人間が関与しないで移動するリボット、レボット、あるいはヒト型のロボットとルボットは、大きく異なっている。

1・4　レボット

CPUを搭載し、広義のセンサーを持ち、移動し、自身の判断で動くが、ヒト型ではないマシンをレボット（Lebot）と呼ぶ。米国の iRobot 社[18]が開発したルンバを嚆矢とする床面自動掃除機は、現在ひろく普及しつつあり、レボットの代表であるといえよう。人間の操縦なしに、完全に自身の制御だけで飛行するドローンは、もはやリボットではなく、レボットとなる。レボットは、ラリルレロボット五種類のなかで、今後ラボットやルボットとならんで、中核的な存在となるだろう。しかし現時点では、センサーおよびセンサーのもたらす、時々刻々と変化する外界の状態をもとに、つぎの行動を判断するコンピュータの能力が不十分なので、まだまだ不完全なレボットあるいは限定的な環境でだけ動作するレボットしか存在しないといえよう。

限定的な環境には、工場があげられる。人間が自由に立ち入ることが禁じられている環境におかれているので、制御がきわめて簡単になるからだ。このため、いわゆる産業用ロボットのほとんどは、「ロボットアーム」のような可動部分を持っていても、移動しないので、ラボットである。もっとも、アマゾンの配送工場で使われている自走パレットは、レボットである。

エンターテインメント（娯楽）の世界[19]は、「限定的な環境」を作り出しやすいので[20]、すでに一連のレボットが活躍している。恐竜博物館を擁する福井県の玄関口、福井駅前の「恐竜広場」には、尾や首を動かす恐竜ラボットが何体か存在する。彼らが限定的ながらも、のっしのっしと動き出したら、ラボットからレボットに変化する。

「変なホテル」[21]もエンターテインメントの要素が大いにあるが、このホテルでは多数のレボットがはたらいている。まさに現在安価に手に入るレボットのオンパレードだ。ただ、残念ながら通常のホテルでおそらくもっとも人手がかかるベッドメーキングは、まだレボットは導入していないようである。また、二〇一九年からは、フロントは人間が対応することになったそうである[22]。いずれにせよ、ホテルなどの宿泊施設は、宿泊客がいない間という限定的な環境がある程度長く続くので、この間にさまざまなレボットを導入することにより、部屋の掃除から人間の介在は、今後急速にゼロに近づいてゆくだろう。このあたりの議論は、本書の2・1節で展開する。

1・5 ロボット

本書では、ロボット（Lobot）を、CPUを搭載し、広義のセンサーを持ち、自身の判断で自律移動できる、ヒト型のマシンであると定義する。これは、かなり厳しい定義だといえるだろうが、同時にあいまいさも含んでいる。ヒト型とは？　研究者によって、あるいは一般の人々にとって、どのくらいの形状や動作がヒト型といえるだろうか？　1・0節で、開発者が「人間形」と称したマシンを、ヒト型であるロボットではなく、ヒト型ではないレボットに分類した。実は、現在ヒト型と称されているマシンの大部分は、厳密な意味でヒトの形状と動作を兼ねているものではない。大阪大学の研究グループ[23]が開発しているマシンは、人間そっくりの形状であり、動きも人間にとてもよく似ていることで有名だが、二〇一九年現在、人間がふつうに行なう直立二足歩行は行なわない。この意味では、理想的なヒト型ではない。しかし、真の意味でのヒト型であるロボットの開発をめざしているといえるだろう。

一方で、直立二足歩行をするマシンは、これまでに多数開発されている。ホンダ自動車が開発したアシモ[24]は、歩くどころか、走ることもできる。最近では、米国 Boston Dynamics 社が開発している Atlas[25] が著名である。これらの直立二足歩行タイプは、ほとんどの場合、みかけは人間とはかなり異なっている。おそらく直立二足歩行システムの開発に集中して、外見にはあまり開発コストがかけられなかったのだろう。自然人類学ではよく知られたことだが、ヒトの系統がチンパンジーとの共通祖先からおよそ七〇〇万年前に枝別れしたとき、最初の大きな変化は直立二足歩行だった。そのずっとあとに脳容量の増大が生じたのである[26]。このように、人類進化の最初のころに生じたとはいえ、体重のバランスを保つには、四足歩行よりも格段に制御がむずかしくなる。人間の成長を考えても、生後ようやく一歳ごろに歩くことができるのが一般的である。

ヒト型であるロボットは、アンドロイド（Android）と呼ばれることがある。ギリシャ語で「人間のような」を意味している。しかし、真の意味での人間そっくりのアンドロイドは、まだサイエンス・フィクション（SF）の世界の存在でしかない。ロボットがアンドロイドを理想とするのかどうかについては、本書第4章で議論する。

第2章　ラリルレロボットと人間のかかわり

2・0　ラリルレロボットが使われる多様な環境

ラリルレロボット（LaLiLuLeLobot）は、人間の奴隷である。このため、ご主人様である人間が活動する環境だけでなく、人間が物理的に活動しにくい環境でも、使用されることがある。人工衛星がそのよい例だろう。自律して太陽系外に飛び去っていったボイジャー[1]はレボットであり、地球の周回軌道を回って、地球の指令を受ける人工衛星はリボットである。爆発事故を起こした福島第一原子力発電所のような、きわめて高い放射線量となっている原子炉に入り込むマシン[2]は、自律的ならばレボットだ。

ご主人様である人間につき従がったり、補助したりするラリルレロボットも多数存在するし、今後ますます増えるだろう。本章では、ラボットからロボットまでの五種類のマシンが現在実際に使われている多様な環境を、屋外、歩行、交通、接客、工業、医療、介護、*StillSuit*、軍事、宇宙という分類で論じる。区分けが多様だが、ラリルレロボットはあくまでも人間に仕えるマシンなので、人間の便宜に合わせている。現在すでに使われているものを中心に論じるが、近未来に実現できそうなシステムについては、この章で論じる。人間よりもはるかに巨大なマシンもあれば、人間と同じぐらいのものもあり、またいずれはからだのなかに入り込める小さなマシンも開発されるだろう。

「屋外」節では、おもに一般の家屋の外における環境を想定している。人間が暮らすときに役立つマシンを論じる。「歩行」節は屋外での歩行に関する考察である。「交通」節は、人間が乗り込むさまざまなルボットが中心となる。交通制御システムやスモールモビリティ（小さい交通）(3) についても論じる。「接客」節では、接客というと、ヒト型のロボット利用を思い浮かべがちだと思われるが、実際にはラボットが大きく活躍している状況を「接客」節で紹介する。「工業」節では、いわゆる産業用ロボットであるラボットを中心に論じる。「医療」節では、医師の手術を補助するリボットや人間が装着して肉体的な移動を助けるルボットなどを論じる。「介護」節では、介護の現場で使われているラボット、リボット、レボットについて論じる。「*StillSuit*」節は、産業技術総合研究所と理化学研究所が共同で開発しているルボット *StillSuit* の紹介が中心となる。「軍事」節では、リボットである無人爆撃機、兵士の代替となるヒト型のロボット、兵士を助けるさまざまなレボットなどを論じる。「宇宙」の節では、人工衛星や有人ロケット、宇宙ステーションなどで使われるリボット、ルボット、レボットを論じる。

2・1 屋外

家の外に出ると、とたんにラリルレロボットの存在は、希薄になる。もっとも、自動車をはじめとする交通機関では、彼らが主役である。そこで「交通」は別扱いにして、次節で論じる。本節では、交通システム以外の、屋外におけるラリルレロボットの利用について、論じる。なお、人間が歩く場合は交通に含めず、つぎの節で論じる。

屋外を考えると、個人の住宅に設置された太陽光発電装置(4)や太陽熱発電装置(5)、小型風力発電装置(6)、マイクロ水力発電装置[7]なども、ラボットととらえることができる。特に太陽光発電装置は、一部分売電が前提のシステムが多く、電力会社の送電線ネットワークに組み込まれている。しかし、自分の住む家がこのようなネットワークに組み込まれていることは、個人個人が自由に生きていきたいとする欲求とは矛盾する。人間が生活してゆく電力を、電力会社のネットワークから切り離されたかたちで生み出し、コントロールできれば、すばらしいのではなかろうか。今後のこの方面でのラボット開発に期待したい。

ネットワークインフラの視点でゆくと、上下水道も文明にとって必須のネットワークであると考えられがちである。しかし、浄化槽[8]を完備すれば下水道は必要なく、十分量の雨水をためるタンクがあり、それらを濾過などにより飲用水に適した水に変えれば、降水量の多い日本であれば、上水道も必要なくなるかもしれない。現状では、雨水の利用は池水、庭の水まき、トイレ水などに限られているようだが[9]、災害に強い家屋をめざすには、雨水を飲用水に変える安価な小型濾過装置の開発が必要だろう。これらの水循環に関連したラボット技術の開発によって、少なくとも人口密集地ではない地域では、莫大な予算が必要となる上下水道ネットワークの建設が、個々の住宅に飲み水と浄化槽を確保することで代替されることが期待される。

さまざまな犯罪の容疑者特定に、最近は防犯カメラ[10]の映像が使われることが多くなっている。英国では数百万台の防犯カメラが設置されており[11]、防犯カメラ先進国だ。しかしここでも、多くの防犯カメラは、警察などの国家権力が集中管理しているようであり[12]、プライバシー保護の面では、疑問が残る。ここでも、ネット社会に内在する国家権力への情報漏洩をどのように回避するかが問題となる。

警察などの国家権力とは独立に、町内会ごとに防犯カメラの情報を管理するなど、ネットから切り離した運用がありうるだろう。また、防犯カメラはラボットとして固定型のものが現状ではほとんどだが、カメラ付きドローンを利用すれば、個人個人を見守るタイプの防犯カメラとなる。ここでも、街中にめぐらされるラボット型防犯カメラというネットワークインフラを、個人個人に帰着させる非ネットワークの、レボット型防犯ドローンに変えてゆくという発想がある。

個人個人の防犯という観点から見ると、必ずしも映像記録にこだわる必要はないだろう。音声を中心に記録するという方法も考えられる。ドローンの利用は、近未来的には技術的にもまだいろいろと問題があるが、長時間録音できる小型レコーダーを身につけておくという方法も防犯対策としては可能だろう。声による個人識別は、顔による識別よりも精度は低いだろうが、犯罪の容疑者特定には、ある程度は役に立つ可能性がある。もっとも、自分の周囲の音声をずっと録音していると、盗聴と思われるので、無事に帰宅したら自動的にその日の音声記録が消去されるなどのシステムが望ましい。

ちょっと暗い話が続いたので、アウトドアに使われるラリルレロボットの、明るい面での利用について、考えてみよう。ゴルフボールに発信器を入れてラボットとして利用することはいかがだろう？これならば、ボールが現在どこにあるのか、たちどころにわかる。これは多くの人が思いつくようであり、原始的なものは数年前にすでに発売されている。(13) 発信器つきのゴルフボールを利用すれば、ゴルフの練習で、飛距離などを自動的に記録してくれるシステムも、現在ではすでに存在するのではなかろうか？

発信器タイプのラボットが活躍できる場として、釣りも考えられる。これも膨大な魚釣り愛好家たちというマーケットがあるので、すでにいろいろと開発されている。[14]『会長島耕作』第7巻[15]にも、ドローンを使って魚がいる穴場を探すという場面がある。もっとも釣りは、人間と魚との一対一の勝負にロマンを感じている人々が多いとすれば、ラリルレロボットの出る幕はないのかもしれない。

2・2 歩行

屋内と同様に、屋外を歩く場合にも、パワードスーツ＝ルボットを身につけて歩いたり、あるいは屋外用のドローン＝リボットを従えて歩くこともあるだろう。ご主人様の真上で傘になったりライトになったり、さらには防犯カメラを載せたドローンが考えられる。ただし、室内と異なり、ドローンへの電力供給が問題となる。ドローンと飛行船をばらばらに考えるのが現在一般的なようだが[16]、なるべく少ない電力で長く人間の移動につきあえるように、飛行船とヘリコプターを組み合わせたようなドローンを開発すべきだろう。電車の駅やバス停から自宅に帰るだけならば、それほど長い時間はかからないので、夜道を照らしたり、傘を忘れた場合に、自宅から発進するドローンが、ご主人様を迎えにゆくということも考えられる。このような屋外でのドローンの利用が広がってゆけば、街灯は必ずしも必要ではなくなる。結局のところ、人間が歩くのに必要な明るさが、歩いている人間のまわりに歩いているときだけ、その周辺にあれば十分だからだ。このように、ラリルレロボットの技術革新によって、これまでのインフラを大きく変革できる可能性があるのだ。

スマートフォンなどの、みずから電波を発する携帯電話＝ラボットは、プライバシーに関して大きな問題点を含んでいる。ある人間が今どこにいるのかが、たちどころにわかるからである。これらの、ひろい意味での「ネット技術」（インターネットだけでなく、携帯電話の電波技術やGPS技術も含んだもの）は、中国政府による最近の強力なネット規制[17]でわかるように、国家権力や地球規模大企業が介在すると、個人の自由が奪われてしまう。ラリルレロボットは、その轍を踏まないように、個人が自由にふるまえるようなシステムを、ご主人様である人間ひとりひとりが享受したいものだ。ラリルレロボットが奉仕すべきなのは、個人個人のご主人様なのだから。

通学や通勤に、自宅と駅のあいだでドローンを利用すれば、防犯にも大きな力になる。つねにご主人様をカメラで見守ってくれるからだ。プライバシーを気にする読者もいるだろうが、この場合のカメラ画像は、歩いている人間の家族にだけ送られるというような電波の制限をもうければよいだろう。もっとも、この場合でも、家族内のプライバシーは、部分的に損なわれることになるが。

登山もひろい意味での「歩行」と考えることができる。この場合、個人がどこに今いるのかを示す発信器は、本来ならば登山する全員が着用すべきだろう。さらにそれを進めて、バイタル情報も発信するようにすれば、登山中の健康状態の急変を伝えることができるので、救助もすみやかに行なうことができる可能性が出てくる。ただ、電波に関するいろいろな規制があるようなので[18]、このようなシステムの普及は、そう簡単ではないだろう。登山家がめざす山ごとに発信器の電波をキャッチするシステムは作れないのだろうか？　この場合には発信器の電波が届く範囲は、数キロメートルで十分なので、このようなタイプの電波の新しい法規制を導入することによって、劇的に遭難を防ぐことができるかもしれない。

最後に、視覚障害者が屋外で歩くときの補助に、ラボットを導入できないかどうかを考察する。視覚障害者のためには、公共交通機関の周辺や街区には、視覚障害者誘導用ブロック（いわゆる点字ブロック）が設置されている。[19]一九六五年に発明されて以来五〇年以上経過したが、そのあいだに条例などにより設置が義務づけられた市町村が多くあり、日本の外にも広がりつつある。このように定着している点字ブロックではあるが、逆に健常者がブロックにつまずいてけがをすることもある。[20]また、どこまで点字ブロックを設置するのかという問題もある。正方形の一枚だけでも一〇〇〇円前後の価格であり、現在では日本だけでもおそらく数百万枚以上が使われているだろう。これらの設置には、莫大な投資が必要である。

そこで、ふたたび、ラボットによる点字ブロックというインフラの変革を考察する。日本全国の視覚障害者総数は、一八歳以上の在宅者が三一万人[21]なので、全年齢で考えれば、おそらく五〇万人前後だろう。これら視覚障害者全員に、移動時のサポートをするラボットを配布するのである。これは、道路上で、あるいは駅のホームで、適切な通路を歩くように助言するボランティアあるいはAIを利用した助言ラボットを開発することが前提となる。GPSと精密な都市図を組み合わせれば、それほど困難なことではないだろう。製品化しても、仮に一個一〇万円として、五〇万人全員で五〇〇億円である。点字ブロックを全国津々浦々に設置する工事費と比べれば、むしろ安いのではなかろうか？もちろん、点字ブロックをたよりに歩くよりも、ずっとスムーズに、しかもドアtoドアで移動できるはずだ。今後ラボット研究者や関連団体に、ぜひこの可能性を検討してもらいたいものである。

ラボットを除けば、リボット、ルボット、レボット、ロボットは、すべて動くことが前提となっている。このため、交通機関には、リボット、ルボット、レボットはすでに多数活躍しているし、今後ますます普及してゆくだろう。本節では、自動車以外のモビリティおよび交通システム全体について論じる。

2・3　交通

まず、鉄道を利用する状況を考えてみよう。駅によってはまだ駅員が改札をするものもあるが、大都市ではほとんどの駅で、Suicaなどのフェリカカード[22]を用いるか、あるいは使い捨ての磁気カードを用いている。このカード読み取り装置は、本書第1章でも言及したように、ラボットの代表例である。便利なようだが、鉄道システムの長い歴史にひっぱられているために、いろいろと不便なところがある。非接触タイプであるフェリカカードは便利ではあるが、読み取り機の特定の窓に接近させる必要がある。このため、財布などのなかにカードを入れている場合には、財布を取り出さなければならない。券売機で切符を買う手間はなくなったが、それでも面倒だ。また、プリペイド方式の場合、残金が少なくなるとチャージしなければならない。ひんぱんに使わない人間は数か月に一度ぐらいの頻度でいいだろうが、近いうちにチャージするという行為をおぼえておかねばならないのは、心理的に負担である。

そこで、つぎのような、近未来システムを提唱する。まず、カードではなく、腕に巻きつける、うすいシートのような形状を考える。腕時計のように、腕にはりつけることを前提とする。このように皮膚に密着させると、なんらかのしくみで弱いながら発電することが可能になるだろう。この電力を用いて、腕シートから微弱電波を発して、読み取り機と情報をやりとりするのだ。こうすると、読み取り機のなかを移動するあいだに、手を組んでいてもぶらぶらしていても、腕がどのような位置にあっても、読み取り機と情報をやりとりして、駅構内に入ることができるのである。チャージについては、すでに導入されているように、スマートフォンとのやりとりで銀行口座引き落としなどですませることにすれば、駅の特定のマシンに紙幣を挿入するといった必要はなくなる。

もっと複雑なラボット読み取り装置として、JRなどの切符読み取り機がある。かつて鉄道の切符は、長方形の小さなものだった。鉄道会社の人々はあの形状に愛着があるせいかどうか、いまだにJRではあの小さな切符を販売しており、しかもそれらが図体のでかい読み取り装置に吸い込まれて読み取られるのだ。技術力の勝利といえばいえるが、逆にいえば、小さな切符でも、もっと大型の切符でも読み取れるようになっているのは、複雑すぎる。また、一枚ではなく複数枚の切符を読み取ることもできる。このためか、読み取り装置はひんぱんに切符づまりを起こすので、JR関係者が切符の通る部分を開けて修理している光景をあちこちの駅でみかけることがある。

そもそも、紙製の切符をマシンに通過させるというシステムそのものが問題であろう。同じ紙製の切符でも、フェリカに類似した利便性のあるQRコードを印刷した切符の利用もはじまっている。(23) しかし、切符を購入する手間は同じだ。結局、モバイルSuicaのような、スマートフォンの利用が考えられる。ネットを利用するなり、あるいは古風に駅まで行って切符売り場で購入するなり、いろいろな道筋が考えられるが、購入したらスマートフォンの画面にその情報が出るようにするのだ。すでに東海道新幹線では、エクスプレスカード利用者には、これに近いかたちが実用化されているようだが、ここではもっと一般的な利用を考えている。将来は、紙製の切符の利用を廃止して、鉄道に乗り降りする際に、もっと便利になってほしいものだ。

大野秀敏らは『〈小さい交通〉が都市を変える——マルチ・モビリティ・シティをめざして』(3)において、自転車などの二輪車や、電動車椅子、小型モノレール、ミニバスシステム、小型四輪車など、多彩な交通手段を論じている。これらの小型交通手段のもうひとつ重要な特徴は、ゆっくりと移動するという点にある。そこで、「小さい交通」のかわりに、ゆっくり移動する小さな交通手段という意味を込めて、英語風のスロー&スモールモビリティの略称として、「ススモ」を提案したい。日本語だと「進もう」に通じる。

近い将来、ススモがひろく展開されるためには、したがって速度制限が重要となる。それには、街区全体に張り巡らされた速度チェックシステムが必要だろう。これは一種のラボットである。住民の協力を得て、たとえば三〇〇メートル四方、およそ一〇万平方メートルの住宅地を囲むように、ススモを含むあらゆる交通手段の速度をチェックし、時速二〇キロメートルという制限速度を超えて走行していた場合に警告するシステムを構築することを想像してみてほしい。将来的には、ススモシステムを含むすべての交通手段が、この速度チェックシステムと相互交信することができればよいが、とりあえずは、当該街区の定めた速度制限を超えた車に対して警告を発するということでいいだろう。このような速度制限区域が、住宅地を中心にどんどん広がってゆくことが期待される。将来は、自転車を含めてすべてのススモシステム、バスなどの公共交通機関、大型四輪車、トラックなどに、走行している地域の制限速度をチェックして、自動的に速度を守る走行システムを導入することを義務づけるようにしてもらいたいものだ。そうすれば、交通事故は激減するだろう。それは、速度チェックをするラボットと、動き回るルボットとの共同作業から得られる貴重な果実となる。

自転車まで速度制限？　といぶかる読者がいるかもしれない。しかし、自転車は往々にして危険なスピードが出てしまうことがある。ぜひともルボット化して、その地域、その道路での制限速度を超えない速度リミッターを備えるべきであろう。もちろん、自転車を含むあらゆるススモシステムに、速度リミッターを装備すべきである。将来は、ゾーンごとの速度制限を自動的にルボットが認識し、人間が意識することなしに速度が抑えられたり増加したりすべきだろう。このような制御こそ、現在さかんに研究されている「自動運転」に重要な要素である。

2・4　接客

ここでは、客への対応である接客について考えてみよう。人間と人間との関係が重視されるので、人間型であるロボットが中心であると思われるかもしれない。しかし現実社会では、ラボットが大活躍している。銀行で現金を引き出したり送金したりするのに使われるＡＴＭ（Automatic Teller Machine）は日本社会にひろく普及しているが、あれは典型的なラボットである。金利の低下とともに、今後銀行業界では大幅なリストラが行なわれるので、ますます現在のタイプよりももっと多岐にわたる対応ができるATMの重要性が増加するだろう。

レストランでも、注文を取るときには店員がスマートフォンやタブレットに入力する風景が増えているが、これらもラボットとみなすことができる。最近では、人間を介さずに、テーブルに備えつけられたタブレットで注文する店もある。結局、注文をとるのは情報の流れをつくることなので、あとはそれをどのようなかたちで電子化するかという問題になる。レストランにとっては、客が店内に入ったところからすでに接客ははじまっている。入店した客の顔をカメラで認識して、リピーターであれば顧客データベースからマッチする客候補を選びだし、はじめての客であれば、風貌や推定年齢、服から、その客のこのみである可能性が高いメニュー一覧をリストする、というようなシステムが、近い将来、おそらく導入されるだろう。従来、このような推定は長年接客をしてきた習熟した業界の人間ができるとされてきたが、ビッグデータの活用によって、採用されたばかりの新入りウェイターでも、高度な接客ができるようになるかもしれない。

これらは、ラボットと人間とのマン・マシンシステムを仮定したものだが、将来レストランで人材不足が深刻化し、一方ヒト型のロボット開発が簡単には進まない状況を考えると、VR（virtual reality）技術を利用するほうが実用的かもしれない。たとえば、レストランに入ると、さまざまな男女の三次元的なホログラムがずらりと並んでいる。姿だけでなく、声（もちろん多言語対応である）も含めて、そのなかからひとつを選んで席に誘導してもらい、メニューの説明を受ける、というぐあいである。将来的には、リピーターであれば、同じタイプの接客VRロボットが対応してくれるだろう。このあたりのイメージは、映画「ブレードランナー2049」[24]では、恋人ロボットとして類似のものが登場している。

接客といえば、二〇一四年にソフトバンクがペッパーという小型のヒト型ロボットを導入した。[25] 当初はものめずらしさもあって、話題になったが、現在ではどうであろうか？　はっきりいって、役に立ってはおらず、単なる客寄せに終わっているといっていいだろう。人間が話す言語はとても豊富であり、まだまだマシンのオンタイム認識能力には限界がある。たとえば、ペッパーに対して「あなたはだれですか」というと反応したが、「あんた、だれ？」というぞんざいな話しぶりは理解してくれなかった。これでは接客業失敗である。限定的な使い方をするのであれば、それなりに使えるかもしれないが、生身の人間の代役は、とうていつとまらない。

ペッパーは、姿がマシンすぎてよくないということもいえるだろう。現行モデル[25]では、胸にタブレットが乗っており、人間の姿とはいえず、違和感がある。人間との対応を安価にするためだろうが、音声認識が不十分であることを露呈している。では、恐竜ロボットなどがフロントにいる「変なホテル」[26]の接客はどうだろうか？　ヒト型のロボットよりも、ヒトと外形がまったく異なるレボットのほうが、むしろ違和感が少ないだろう。

結局、レボットやロボットの姿が見えない、ラボットタイプの接客のほうが、現在の技術レベルでは、現実的なのではなかろうか？　実際に、アマゾンはすでに無人ショップの導入をはじめている。[27] ホテルでのチェックイン時にも、液晶パネルの向こうにホテル従業員が見えて、人間が対応するシステムのほうがいいのではなかろうか。多くのホテルでは、日中は女性従業員が対応するが、夜遅くホテルに到着すると、男性しかいないことが多い。ビデオ画面であれば、時差を利用することができる。

別の大陸にいるホテルの従業員が夜チェックインの対応をする、というようなシステムも組むことができるだろう。

このようなリモート対応システムは、かつて薬局で導入をはかったことがあるが、なんらかの反対にあったらしく、現在でも実現していない。さまざまなビジネスでコールセンターが使われているのだから、接客に音声だけでなく画像もついたら、接客する側も客の様子を見ることができるから、接客対応の効率がぐっと上がるだろう。人間と協同したラボットシステムの拡大を期待したい。

ここで、接客ラボットのひとつである、鉄道の切符自動販売機についてすこし考察してみたい。鉄道会社ごとにいろいろなタイプの販売機があり、しかも多くのボタンがずらりと並んでいる場合には、はじめてそのマシンの前に立った乗客は、とまどってしまう。音声対応で、丁寧に乗客に対応するラボットもありうるだろう。逆に、ひんぱんに切符自動販売機を使う乗客は、切符を得るまでにあまりにも多くの選択ボタンを押さなければならないと、いらいらしてしまう。たとえば、こんな切符販売ラボットはどうだろう。初期画面には、切符購入をひんぱんに行なっている人、画面を見てボタンを押してゆけば切符を買えそうな人、そして音声対応を希望する人の三種類のどれに自分があてはまるのかを押す三個のボタンだけがある。切符購入に慣れている人が最初のボタンを押すと、購入統計データをもとにして、もっとも購入される切符タイプから順に選択肢が出てくる。著者のひとりである斎藤がよく使うJR三島駅新幹線の切符であれば、おそらく東京駅または品川駅にひとりで本日乗車するというタイプのボタンが、それら選択肢のひとつに出てくるだろう。そのボタンを押せば、あとは料金支払いとなる。もっとも、鉄道の切符そのものがいずれはなくなってゆくだろうから、このような切符販売ラボットが活躍できるのも、あと一〇年足らずであろう。

日本を訪れる外国人のなかには、風呂の自動湯沸かしシステムから日本語の音声が出る[28]ことに、驚く人がいるそうだ。これも接客シーンのひとつだと考えられるので、ここですこし論じてみよう。風呂における接客と考えると、まだまだこのような音声システムは、不十分である。たとえば、風呂の室温をチェックして、低かったらそれを警告したり、高齢者の場合には、カメラを設置して、万一バスタブ内でおぼれないように監視するなどのシステムが考えられる。余計なお世話と思われるかもしれないが、これらの比較的簡単なラボットシステムを導入することにより、風呂場における事故死を防ぐことができるだろう。

2・5　工業

2・5・0　新しい労働力としてのラボット

日本の工業は未曾有の危機にある。それは遠い未来の日本社会のことではない。一〇年後の、あるいは数年後の未来のことだ。あなたが学生だとしたら、就職をするころの日本社会のことである。厚生労働白書[29]によると、日本の労働人口は減少しつつある。分野によっては枯渇するといってもよいかもしれない。特にその状況は若年層において顕著である。そしてこの傾向は、今後もあまり変わらないと考えられる。お気づきの読者もいる[30][31]かもしれないが、若年人口の減少によって、一番大きな打撃を受ける分野のひとつは製造業である。

かつて人件費を抑える目的から、汎用性の高い「ロボット」が工場に導入された。いわゆる産業用ロボットである。だが、若年層の急激な人口減を受けて、その意味合いが急速に変わりつつある。ラリルレロボット、特にラボットに、労働力資源そのものが求められるようになったのである。

製造業の現場において産業用ラボットが活躍していることは、多くの読者の知るところだろう。しかし、産業用ラボットについて誤解されていることがある。産業用ラボットは〈モノ〉であるし、ラボットが作り出す製品もモノである。ところが、今日的な意味で私たちがラボットに期待しているのはモノそのものではない。「サービス」という〈コト〉なのである。もっとありていにいえば、人間の労働力というコトの代わりを、ラボットに期待しているのである。

しかし、この期待には大きな落とし穴がある。それは物理的な存在としての産業用ラボットが、必ずしも人間の労働者の完全な代替にはならないということである。その理由は簡単である。ラボットを含むすべての機械は人間がいなければ動かない。

もちろん、ラボットの場合、リボットのように人間が直接操作する必要はない。だが、だからといって人間の介入がまったく不要になるわけではない。たとえば溶接ラボットが機能するためには、一定数の人間がラボットの裏方として複雑なプログラミングをこなし、物理的な保守サービスをする必要がある。工場のなかで黙々とスポット溶接をする産業用ラボットを見て、ある種の黙示録的な世界を想像する読者は少なくないだろう。だが今のところ、人間が死に絶えた黙示録的な世界で、ラボットだけが仕事をするというような状況はありえないのだ。

2・5・1 「ロボット」と「オートマタ」

そもそもなぜ経営者はいわゆる「ロボット」を工場で使うのだろうか。なぜ専用の「オートマタ（自動機械）」ではだめなのだろうか。実際のところ、そのような自動機械は工場で多く使われている。たとえば充填包装機械や部品の組みつけをする、いわゆるメカトロニクスである[32]。一般的な意味でのロボットとオートマタとの境界は、それほどはっきりとしたものではない。しかし、ひとつだけ大きな相違がある。それは汎用性である。

基本的にオートマタは設計時点で想定されたひとつのことしかできない。一方で「ロボット」は、設計時点で明確な目的を持たされているわけではない。むしろ生物学的な意味において、動物の手足のような「運動機能」を実現するため高い自由度を付与されている。つまり自動機械が効率に特化しているのに対して、「ロボット」は汎用性を武器にしているのである。

このことは、駅の自動改札機というオートマタを見るとわかりやすい。自動改札機は、かつて駅員の行なっていた改札という作業を驚くほどのスピードでこなすことができる。しかし、自動改札機に道をたずねたり落とし物を届けることはできないのは当然としても、紙の切符の大きさや材質が変わっただけで自動改札機はもう正常に機能しなくなる。その改修には莫大なコストがかかるだろうから、新設計の自動改札機に総入れ替えをした方が現実的かもしれない。つまり、自動改札機というオートマタが機能するためには、切符の規格のような外的な条件（環境）が簡単には変わらないことが前提になっているのである。ところが、紙の切符が現在廃れつつあり、近接無線通信（Near field communication）を用いたICカードやスマートフォンが主流になりつつあるのはご存知の通りである。もっとも、この方式でさえいつまで続くのかはだれにもわからない。環境の方が変化すれば、その時点で現在のオートマタは用済みである。

一方で自動車の生産現場では、ひとつの製造ラインに複数の車種を流すことが、あたりまえになっている。[33] 高性能スポーツカーと低価格な大衆車が、ごく自然にひとつの製造ラインに共存しているのである。

このような複雑で多様性のある製品製造において、いちいち製品に合わせて融通の利かないオートマタを用意していたら、莫大なコストがかかってしまうだろう。また去年の自動車と今年の自動車が同じモデルであっても微妙に改良されているように、市場の要求に応えるために、生産者側も予測できないような変更がつぎつぎとなされることはよくあることである。さらに製品のライフサイクルは縮小する方向にある。人間の労働者であれば融通は利くが、専用機械ではそうはいかない。多少効率（生産性）を犠牲にしても、汎用性のあるラボットを使った方が長期的には利益を出しやすいのである。

2・5・2　残酷な資本主義のテーゼ

もうひとつの視点は作業者に対する負担軽減である。前述したスポット溶接ひとつとっても、生産現場の環境は人間にとって過酷なものだ。市場経済というものは、しばしば人間に過酷な労働を要求する。とはいっても市場経済原理以外のものが介入すると、大抵はもっと悪い結果が待っているものだが。非人間的ともいえる高温、大音響、単調な作業の繰り返しは、スポット溶接の特徴である。これをラボットで置き換えることに異論をはさむ人はいないであろう。

ここで重要な点は、工場の生産ラインの構造の変更を最小限に抑えながら、人間の機能をラボットに代替させていることにある。つまり、ここで汎用性のあるラボットは文字通り人間の労働を肩代わりしているのである。

自動改札機は、一見駅員の作業を肩代わりしているように見える。だが、利用者である人間が自動改札機の方に合わせて行動しているという点は見落とすべきではないだろう。要するに自動改札機というのは、利用者の利便性ために存在しているというよりは、駅員の負担軽減（ひいてはキセル乗車の防止）のために存在しているのである。

生産ラインのある工場という職場は、チャップリンの「モダンタイムズ」[34]が揶揄するように、必ずしも人間にとって快適な場所ではない。経営者が求めているのは工場の生産ラインの一部となってはたらく従業員（つまり労働力というサービス）であって、人間そのものではないからである。現実には工場といっても多種多様なものがある。だから、必ずしもこのような単純な戯画化は成り立たない。だが、経営者が賃上げ要求やストライキをしたりすることのないラボットの方を好む傾向があるのは、やはり事実である。[35]

2・5・3　「ロボット」は人間の代替となりうるのか

かつて労働者は機械に職を奪われるかもしれないという恐怖に怯えた。しかし、そのような一八世紀的センチメンタリズムなどはるか彼方に置き去りにして、日本社会は抜き差しならない状況に直面している。労働者そのものの確保がむずかしくなってきているのだ。日本政府は、人的資源の枯渇に対して、ロボット工学（ロボティックス）を用いた解決策を模索している。この解決策は一見もっともらしく聞こえるけれど、ここでロボット工学という言葉を都合よく使っていることに気をつけるべきだろう。この言葉自体、はっきりいって無定義語である。ここではチャペック的な人造人間という意味合いで、私たちはロボット工学に過剰な期待をしているのではないか。

現在の技術水準での「ロボット」は、自律機能に関してまことに原始的なものである。人間はおろか、昆虫にも及ばないのではないというのが、ロボット研究者たちの本音である。その一方で、「ロボット」たちはたしかに秀でた能力も持ち合わせている。だから使いようによっては人間何人分もの「労働」をする。(36) しかし、決して人間のように自律的には機能しない。現状の「ロボット」にはたらいてもらうためには、人間の「ユーザー」もしくは「ハンドラー」が必要なのである。

工場の生産現場では早くからこの限界は認識されていた。「ロボット」には二面性がある。際だって優れたところと、全然駄目なところである。少なくとも人間を完全に代替できるというのは、幻想である。したがって、本書でいうところのラリルレロボットが人間の職を奪うというような危惧はない。少なくとも当面は。

2・5・4　ラボット殺人事件

その一方で、ラリルレロボットが人間に直接危害を与えるという事例が起きている。このことが世界的に有名になったのは、二〇一五年にフォルクスワーゲン社で起きた「ロボット殺人事件」である。若い作業員が産業用ラボットの保守作業中に死亡した。注目すべきは、フォルクスワーゲン社が、これはラボット側の問題ではなく人為的な過失であると主張したことである。つまり、ラボットが「誤作動」して若者を殴りつけたわけではなく、想定内の動作をした結果、人間が死亡したというわけである。この事故が「殺人事件」と揶揄される所以である。ちなみに、世界初の「ロボット殺人事件」は、一九七九年にフォード社の工場で起きたものであり、犯人はやはり産業用ラボットであった[37]。今のところラボット以外によってこの種の事例が報告されていないことを考えると、本当は「ラボット殺人事件」と呼ぶべきかもしれない。

この死亡事故は、「ロボット」の持ちうる汎用性が諸刃の剣であることを示している。と同時に、産業用ラボットが安全基準の面からもまだまだ発展途上であることを示している。もっとも、ロボット研究者たちは、これらの人身事故（はたして事故と言い切ってよいのかはさておき）の発生を受けて、事故防止のための研究開発に力を入れていることは付け加えておきたい。

2・5・5　協調型ラボットの潮流

かつてラリルレロボットを動かすためのプログラミングはきわめて複雑なものであった。これも「ロボット」の汎用性と引き替えに生じた不都合のひとつである。そのため、膨大なソフトウェアの開発時間と、実際に「ロボット」によって実現できる省力化のバランスがしばしば問題となった。複雑なシステムを構築するぐらいなら、人手でやってしまった方が早い場合もあったからである。このあたりにも、複雑な制御システムを必要としないラボットが多用されている背景が見て取れる。

これは人間の認知・運動機能がいかに複雑なものであるかということの裏返しである。それでも、すこしずつラリルレロボット・プログラミングための使いやすい開発環境が整備されるようになった。ロボットOS(38)が開発され、ラリルレロボット・プログラミングの鬼門だったリアルタイム制御や並列処理がすこしずつ実装しやすくなった。

その後、まったく新しいアプローチが考案された。たとえば、人間がプログラムを書くというのは、いわばボトムアップのアプローチである。それに対し、ラボットに直接人間の動作を模倣させるというトップダウンのアプローチが用いられるようになった。この場合、文字通り人間はラボットに「手取り足取り」動作を教え込むことができる(39)。人間の動作解析技術が進んだために、このようなことが可能になったのである。

人間との協調という意味では、ラボットが人間を傷つけないということが重要になってくる(40)。伝統的に、ラボットは精密かつ頑健な動きをすることが重要であるとされていた。これはロボット工学の背景にある機械工学のドグマのようなものである。

しかし現実の工場内の作業において、一体人間はどのくらい精密な動きをしているだろうか。もちろん、工業製品の品質という観点からは、精密な制御が望ましい。しかし、現実の世界というものは、工場のような空間であっても、決してすべてが完璧に制御されているわけではない。むしろ、想定から外れた「エラー」や「ノイズ」をどう人間側の工夫で扱ってゆくかということが、品質向上の鍵である。であるとすれば、最初から完璧な制御をめざすのではなく、人間がやっているように知的な手続きを通して、精度の向上をめざす方が現実的ではないか。つまり、ある程度のエラーを許容するかわりに、柔軟性を担保してはどうかという考え方である。ラボットが、多関節アームの軌道上にたまたま立っていた人間を傷つけてしまうのは、この厳密さを馬鹿正直に追求した副作用なのであるから。

現実の世界でしばしば見られる予測困難な外乱は、自然現象としてはあたりまえのことである。工学的な枠組では、すべての現象を厳密に記述したうえで制御し、未知のエラー項を最小にすることが理想とされている。しかし、そのために大きなコストを払わなければならないとしたら、それは本末転倒である。

生物の持つ知覚や認知は、機械工学的な観点からいえばいい加減なものである。しかし、生物が四〇億年をそのやりかたで生き抜いてきたことも事実である。結局のところ、工学的な作業といえども、最終的には人間という生物にサービスを提供するための手段なのである。その意味で、機械工学のドグマを手放し、人間との協調をめざす方向に舵を切った産業用ラボットの方針は正しいといえる。

最近の産業用ラボットのトレンドは、人間と協調・共同作業ができるラボットである。つまり、はなから高度な自律制御は考えられていない。その代表的なメーカーのひとつが中国資本のドイツの老舗企業、KUKA[41]である。

そのようなアプローチのなかでも特に進んだものが、最近トヨタ自動車が開発したヒト型ロボットであろう[42]。このロボットにいたっては、人間の動作をコピーすることに特化することで、人間の暗黙知を含むさまざまなスキルをヒト型ロボットに持たせることが可能になろうとしている。

2・5・6　自律型ラボットの苗床としての工場

工業の世界で求められているのは、結局、特定の状況下における最適解ではなく、人間の持つ能力の方なのである。一方で、私たちの求める「サービス」とラリルレロボットが提供できる「サービス」のあいだには、一定の距離が存在する。すくなくとも当面はそうであり続けるだろう。だが絶え間ない技術開発によって、その溝はすこしずつ埋められつつある。とはいえ、この人間とラボットの協業を前提としたアプローチは、冒頭でのべた人的資源の枯渇に対する模範解答とはなっていない。

もし本気で私たちが人間の労働者をラリルレロボットで置き換えようとするなら、強い意味での自律可能なラリルレロボットを作らなくてはならない。そのためには、工学的な発想だけではなく、むしろ人間そのものの理解と、「人間的」な制御を実現するためのさまざまな技術が必要となるだろう。そこには当然人工知能（AI）のような技術も必要とされるだろう。その意味で、ロボット工学はまだまだ発展途上にある。そして、その教師は間違いなく人間を含む生物である。

自律制御可能なラボットにとって、工場はさいわいにも自然環境ほど過酷な場所ではない。そこはラボットが成長するための、としてもよい苗床となっているのかもしれない。たとえ当面は一定数の人間が「ハンドラー」としてラボットに付き合わなくてはならないとしても、それは十分に意味のあることではないだろうか。

2・5・7　工業の第三次産業化

現在、日本の企業の多くは工業製品の生産を海外に事実上「外注」することで、当面の問題を回避している。しかしそのやり方には限界があるし、リスクも多い。労働人口を確保するためには、若年人口をなんらかの手段で増やすか、EU諸国がポリシーとして行なっているような大規模の移民の受入れしかない。だがこの解が行きづまりを見せていることは、多くの研究者の指摘するところである。

若年人口を増やすことと大規模な移民の受け入れは、そもそも矛盾した考えである。自国の若者にとって外からやって来る移民（そしてその子孫）は、いずれ必ず競争者となる。両者のあいだに健全な競合関係が存在すれば、むしろそれは歓迎すべきことであろう。しかし、現実にはそうなってはいない。それは欧州における見えざる火種となりつつある。その背景には、安い労働力を安易に確保したいという経営者側の下心があるからではないだろうか。そしてその下心には、根深い差別と無関心が織り込まれているのではないか。

日本で工業生産のための労働力を確保するためには、移民の大規模な受け入れは最良の選択ではないかもしれない。私たちは労働力という「サービス」を自分たちで創りだす必要があり、その手段としてロボット工学は、現在とりうる唯一の解なのである。そのためには、結局のところ人間のかわりにサービスを創出できるようなラボットを実現するしか手はない。

もし本当の意味で自律的なラボットが実現し、それが工業の世界に投入されるようになれば、工業は事実上「第二次産業」であることをやめ、「第三次産業」になるに違いない。もはや人間の物理的な労働力は必要なくなるのだから。そのような時代が人間にとって幸福なものであるかどうかはさておき、日本という社会にとって、もはや選択の余地は残されていないように思える。

2・6　医療

2・6・0　はじめに

ラリルレロボットは、医療分野においてなくてはならないものになりつつある。ある意味で、医療は軍事と双璧をなすラリルレロボットの王国である。ラリルレロボット的な意味において、医療「ロボット」をどのカテゴリーに振り分けるべきか判断のむずかしい事例もある。しかし全般的にいえば、ロボット工学が医療現場に急速に浸透し、伝統的な医学のありようを急速に変えつつあるのは、間違いない。

2・6・1　医療ラボット

本書の定義でいうところの医療ラボットの種類は、多岐にわたっている。血圧計、心電計、脳波計等の医療機器は、ほとんど今日ではラボット化されている。情報システムによって統合された大病院は、電子カルテを含めて、それ自体が巨大なラボットといってもよいかもしれない[43]。病床に配置されたベッドサイドモニターには、さまざまなセンサーが接続され、患者の脈拍・血圧・末梢血酸素飽和度・呼吸数等の生理学的な情報を監視している。そこに異常が検出されれば、ただちに看護師や医師に警告が発せられる。

これが集中治療室（ＩＣＵ）であれば、センサーの機能や数が増強される[44]。たとえば血圧計は私たちになじみのある非観血血圧計だけでなく、侵襲的な観血血圧計が使われる。心電図、呼吸、体温等のバイタルサインが生体情報モニターで一括管理される。もし読者のなかにＩＣＵに入った近親者を持つ方がいるのなら、患者のからだから延びるケーブルの数にショックを受けたかもしれない。当然のことながら、この種のデータは、どこかに保存しておいてあとでゆっくり解析するというわけにはいかない。データはリアルタイムに処理される必要がある。ケーブルの数はセンサーの数に比例するとともに、このリアルタイム性を担保するものでもある。

患者の生体情報はこのように電子データを介して、人間に理解できる数値や図形情報に変換される。医療従事者は、それをもとに患者を生かすべく努力するわけである。医療ラボットは、患者と医師や看護師の橋渡しをする第三の医療従事者といってよいかもしれない。

2・6・2　医療リボット

内視鏡はもともと身体内をありのままに観察するための医療機器であった。その起源は紀元前に遡るといわれている。[45] 今日的な意味での内視鏡の先駆者は、アンダルシアのアラビア人外科医のアルブカシム[46]やイタリア系ドイツ人医師のフィッリップ・ボッチーニといわれている。[47] 私たちにもっともなじみのある内視鏡は、胃カメラであろう。だが内視鏡はその呼び名とは裏腹に、当初から検査機器以上の機能を持っていた。今日の内視鏡は、検査機器というよりは積極的な治療機器であり、外科的な手術を行なうための医療リボットでもある。その実装には、まさにラリルレロボットの技術が多用されている。[48] 私たちはこの種の内視鏡を、内視鏡リボットと呼ぶことにしよう。ほとんどの内視鏡リボットは、人間の消化管、血管、そして体腔内に潜り込めるよう細長く柔軟な構造を持っていて、施術者が手元で硬度や形状を変化させることができる。(49)

内視鏡リボットにはいくつもの長所がある。外科手術とは、そもそも人間の内部に物理的にアクセスするために、患部にいたるまで人体に通路としての穴をあける行為である。ここでいう「アクセス」とは、要するに人間の手（たいていは両手）が入り、なおかつ肉眼で患部を観察できるということを意味する。だからたとえ患部が小豆ぐらいの大きさだとしても、からだにかなり大きな「傷」――手術創をつけなくてはならない。もちろん、生命を救うためにはやむをえない処置なのだが、腫瘍組織検査のためのサンプリング（生検）のためだけに外科手術を行なうというようなことは、心理的にも抵抗があるだろう。また患者が子どもや乳児である場合、手術創は相対的に大きくならざるをえないし、手術そのものがむずかしくなる場合もある。

内視鏡リボットを使えば、このリボットが通ることのできるだけの大きさの穴を人体にあければよい。対象が心臓血管・消化管・泌尿器官であれば、血管・口腔及び肛門・尿管等をそのまま利用できる。その低侵襲性のために、明らかに予後が改善されるだけでなく、精密な施術が可能なので、対象器官を温存できる可能性も高くなる。そのためには内視鏡リボットに、体内で精密な手術を実行できるための装置を実装する必要がある。外科医の目と指先のかわりとなる装置である。内視鏡の「目」は高性能のカメラであり、「指先」は、サンプルを採取して格納したり、薬剤を注射したり、患部を焼き切ったりする精巧な小型マニピュレータである。外科医はこのマニピュレータを操作すると同時に、内視鏡自体の曲率を調整しながら患者のからだに内視鏡リボットを挿入する。内視鏡リボットは、いわば外科医の視覚と指先の機能を内視鏡に持たせたものである。

映画「ミクロの決死圏」[50]では医師団が小型潜水艇に乗り込み、銃創を負った患者の脳を内部から手術することをめざした。外からではなく内部から患部に接近し、検査や治療をしようという典型的な内視鏡的な考え方である。ちょうどその小型潜水艇のように、物理的に外科医の手元を離れて、独立して移動するタイプの内視鏡も存在する。カプセル型内視鏡リボットである。この種のリボットには、消化管の蠕動運動を利用して移動するもの、外部からの磁場により体内を移動するもの、そして無限軌道（いわゆるキャタピラ）によって自走するもの等さまざまなものがある。[51]このほか、daVinci[52]のように、外科医による施術そのものを代替する遠隔手術リボットがある。

2・6・3 医療ルボット

どんな外科手術も困難なものであるが、脳神経外科手術はもっともむずかしいもののひとつといわれている。その理由は脳神経系が超高密度な集積回路のようなものであり、ちょっとした施術上のミスが身体的な神経障害のみならず、精神学的・心理学的な問題を引き起こす可能性を持っているからである。特に中枢神経系については、私たちの「意識」や「自我」といった「心」が宿る場所であり、そこに物理的に干渉することがいかに大きな意味を持っているか容易に想像できるだろう。患者本人にとってみれば、自分という存在そのものにメスを入れるようなものなのだから。

脳外科手術においては、一般にステレオタクシスという装置が使われる。これは標準脳の機能解剖学的な地図（脳アトラス）[53]やあらかじめ撮影した患者の脳イメージデータを元に脳内の座標系を構築し、患部の位置を正確に測るための装置である[54][55]。ステレオタクシスを用いれば、理論的には血管を傷つける等の侵襲度を少なくすることができる。さいわいにも脳は「動かない」臓器なので、このような準静的なアプローチが可能になるわけである。しかし脳外科医が脳内の正確な座標系を知っているからといって、施術が意図どおりにできるかどうかはまた別の話である。

　マイクロマニピュレータは、顕微鏡の視野下での精密な操作を可能にする装置である。人間の「器用さ」（Dexterity）には時間的にも空間的にも限界がある。顕微鏡で試料を見ることができても、それを思い通りに操作できるわけではなかった。そこで人間の指先の空間的な解像力を「拡大」する装置が考案された。それがマイクロマニピュレータである。電動化されたマイクロマニピュレータは[56]、本書でいうところのルボットに相当する。医療ルボットを用いれば、正確で侵襲度の低い施術が可能になる[57]。最初のルボット外科手術は胆嚢を除去するため一九八七年に実施されたといわれているのだが[52]、実際にはその二年前にステレオタクシスとロボットアームを用いて脳からのバイオプシー（生検）が行なわれている[58]。これを最初のルボットによる脳外科手術と呼んでよいだろう。

　今日では脳外科手術に限らず、さまざまな身体の部位において医療ルボットが用いられている。効率と正確さにおいて明確に人手よりも勝っているからである。たとえば、もうひとつの脳外科手術における困難さは、きわめて固い頭蓋に穴をあけることである[59]。この施術では、脳そのものを傷つけないようにするための正確さと、大きな力による速やかな穿孔を両立させなくてはならない。これは人間の苦手とする種類の作業である。しかし、医療ルボットであれば、この施術を人間よりも五〇倍ほど速くこなすことができる[60]。

2・6・4　医療レボット

ここまでこの節を読まれた読者は、プログラム可能な自律型の医療レボットも当然あるのではないかと予想されたに違いない。人間がいちいち操作をするのではなく、あらかじめ決められた手続き通りに医療レボットが手術をしてくれれば、外科医の負担を劇的に減らすことができる。その代表が一九九二年に臨床試験されたRobodocという医療レボットで、股関節の置換術において優れた成績を残した。(58) daVinci(52)が遠隔手術を目的としたリボットであるの対し、Robodocは能動的な医療レボットである。

ただし、医療レボットがいったん誤作動すれば、何か悪夢的な事態を引き起こすのではないかというのは多くの人の感じることだろう。この「悪夢」は映画「2300年未来への旅」(61)のなかでグロテスクに描かれている。実のところ、手術レボットによる医療事故は年々増加している。(62)その要因は、手術レボットの使用件数が激増しているからであって、必ずしも施術あたりの医療事故が増えているわけではない。しかし、今後なんらかの施策が求められることは間違いないだろう。

2・6・5　医療ロボット

ヒト型の医療ロボットなどあるのだろうかと読者は思われるかもしれないが、実際には存在する。(63)(64)これらはおもに医療従事者のトレーニングのために用いられる精巧なダミーである。訓練者の行為に、ある意味能動的に反応するような医療ロボットも開発されている。(65)

2・6・6 まとめ

医療の世界におけるラリルレロボットたちは、その活躍の範囲を広げつつある。その背景には医療従事者の人的資源の不足がある。猫の手も借りたいという医療現場において、ラリルレロボットたちが八面六臂の大活躍を見せていているのはそれほど不思議なことではないかもしれない。軍事ラリルレロボットとは異なり、医療の世界のラリルレロボットには、批判を招くような要因はまったくない。人の命を奪うことを目的としたラリルレロボットと、人の命を救うことを目的としたラリルレロボットの共存には、科学技術の発展の皮肉を感じざるをえないが、人間中心的な視野をいったん離れると、この二種類のラリルレロボットたちは、実は同じ事をしているのかもしれない。それは対象（敵や患部）の物理的な破壊や排除である。もしかすると人間の行為のかなりの部分は、破壊や排除にあり、ラリルレロボットたちは単にそんな人間の行為を映しているだけなのかもしれない。

2・7 介護

2・7・0 はじめに

介護の世界において、人手不足が指摘されて久しい[66]。これは一時的な現象ではなく、日本の人口構成と結びついた構造的な問題だといわれている。つまり現場の努力ではどうにもならないということである。この背景には、日本社会の急速な少子高齢化がある。厚生労働省が発表した厚生労働白書[29]によると、日本の労働人口は急激に減少しつつある。分野によっては枯渇するといってもよいかもしれない。そしてこの傾向は、今後もあまり変わらないと考えられる。[30][67]そのことが介護の世界を直撃しているのである。

たとえばである。あなたがファミリーレストランで食事をしたとき、食事代が最近じりじりと値上がりしていることに気づかないだろうか。[68]この超デフレ経済にあって、一見それは奇異に思える。しかし、特定の業界ではこのような値上げが現実に起こりつつあるのである。別に食品のような「モノ」そのものが値上がりしているわけではない。サービスという「コト」が値上がりしているのだ。

今、多くの企業は人手不足にあえいでいる。接客業では従業員の報酬を増やすことで雇用を確保するしかなくなっている。結果としてそれが料金に反映されているのである。なぜ外食業界でこのことが顕著かというと、接客業では従業員に若者が好まれるからである。日本の労働者人口の現象には年齢別の分布にはっきりとした特徴がある。そう、若者の数が激減しているのである。そしてその原因はいうまでもなく、少子化である。

少子化についてはあまりに耳慣れた言葉なので、多くの読者は日常的な現象のように受け止めている方もいるかもしれない。しかし生物学的な観点からいえば、この言葉には深く恐ろしい意味が含まれている。少子化は次世代における有効な集団サイズの幾何級数的な縮小に直結している。すなわち、少子化の先にあるのは集団の絶滅の可能性である。

一方で、日本人の平均寿命は増加の一途をたどっている。[69]二一世紀に入って、日本の女性の平均寿命が世界一でなかったのは、多くの方が命を落とした東日本大震災のあった年だけである。少子高齢化は日本の人口構成を歪め、社会の構造そのものを脆く不安定なものにしつつある。この状況は一般の人が想像するよりはるかに急速に、かつ深刻なかたちで起こっている。(70) 別にむずかしい計算は必要ない。仮に現在の出生率がこのまま続けば、いつ日本人という集団が消滅するかは推定できる。しかし、それよりもずっと前に、社会の生産性が低下して、社会そのものが機能不全になる可能性が高い。早い話、生産性に寄与しない年寄りが人口の大半を占めてしまい、若者への負担が確実に増す。それがさらなる少子化につながるという負のスパイラルに私たちは落ち込んでしまっているのだ。

はっきりいおう。高齢化と少子化によって日本という国はゆっくりと、しかし確実に死につつあるのである。(71) この問題の恐ろしいところは悲観論に基づいた終末思想のようなものではなく、客観的なデータに基づいた確度の高い将来予想であるというところにある。むしろ私たちは（政府も含め）無責任な楽観論に基づき、甘い将来予想をしてきたともいえる。日本の若者たちはそのツケを払わされようとしているのである。

少子高齢化は、実はもっぱら先進国における社会問題であることは付け加えておくべきだろう。あとの5・3節でも多少触れているが、私たちは医療によって自然環境では生きられない命を救うことに躍起になっている。そうすることが人間性の価値にかなうからである。しかしそれは私たちの種としての生存力を損なうという側面も持っている。先進国が少子高齢化に喘いでいる一方で、いわゆる「発展途上国」では人口の急激な増加（人口爆発）が起こっている。しかも平均寿命が長くないため、人口構成は圧倒的に若者に偏っている。もし生物学的な視点のみでいうのなら、日本のような先進国は「負け組」であり、むしろ発展途上国が「勝ち組」ということになる。

このいささか皮肉な現象は、決して軽々しい冷笑をもって語られるべきことではない。少子高齢化の問題、そしてその対応策としての介護するラリルレロボットの開発は、人間性はいかにあるべきかという人間性の本質を突く重要な問いかけにつながっているのである。

長期的な問題解決をどうするかはさておき、当面の問題は、増える老人と減少する若者の数の上でのアンバランスである。これがまさに、介護問題の元凶である。

この状況を打破するには、ふたつしか選択肢がない。労働資源としての移民の積極的な受け入れをするか、国内においてなんらかの手段で労働資源を自前で確保するかである。

ここではあえて移民政策の是非には触れないが、日本政府は後者の道を選ぼうとしている。[72] 問題解決のための一番健全な方法は出生率を向上させ、日本の人口構成を望ましいピラミッド型に近づけることである。しかし、急速な高齢化が続くとすればそれはありえない未来であり、また、直近の介護問題の解決にはつながらない。ここが移民の受け入れという方策に決定的に劣る点である。そこで日本政府はもうひとつの方策も模索している。ロボット工学による労働資源の確保である。[73] 本書の立場からいえば、介護するラリルレロボットを開発するということである。

2・7・1　介護ラボット

すでに見えないかたちで介護ラリルレロボットは部分的に社会実装されている。介護ラボットである。現実問題として、介護ラボットは医療ラボットとかなりのオーバーラップがある。ここではすこし違う視点からこの話題を考えてみよう。多くの日本人は故郷を離れ、都市部に職を持っている。そして彼らの老いた親は山里の一軒家で静かに暮らすというのが、日本の典型的な原風景かもしれない。

だがそれは老人が都市部の手厚い福祉サービスから切り離され、万一の場合適切な対処ができない孤立した状態にあることを意味する。

湯沸かしポットにセンサーを取りつけ、それをIoT的にネットワークに接続し、お湯の量の増減をセンシングするというサービスがある[74]。それによって都市部にいる子どもが、遠隔地の親の行動をモニターしようというのである。このとき、湯沸かしポットはラリルレロボット的にラボットである(ラポットと名づけてもよいかもしれない)。もちろん、手っ取り早く監視カメラや動体センサーを家にとりつけるという方法もある[75][76]。そのような家にどのくらいの人が住みたいと思うかはさておき、1・1節でも論じたように、これは家自体がラボット化するということである。実のところ、生活空間そのものをラボット化するという考え方は、既存の技術と親和性が高い[77]。

介護のための家具ラボット、部屋ラボット、家ラボット、都市ラボットといったふうに、将来ラボットの巨大化が進むと思われるし、現在その一部はすでに実現している[78]。これら環境のラボット化は、高齢化社会における介護の必然のひとつといえるだろう。

2・7・2 介護リボット

生活空間における介護リボットの開発については、欧州が先行している[79]。これはリボットを比較的導入しやすい欧州の住居環境が関係していると考えられる。たとえば、ひろいリビングや平らな床などである。より積極的に、認知機能の維持のため簡単な作業を高齢者にトレーニングするためにリボットが使われている事例もある[80]。ここで用いられているリボットの実装は、一般にテレロボットと呼ばれるものである。多くの場合、車輪の下半身とタブレット端末のような上半身を持っている。動くサイネージ広告（ディスプレイなどを用いた、リアルタイムに更新可能な看板・掲示板）といった外見をしているが、視聴覚的な情報を双方向にやり取りする能力を持っている。しかし、人間の手に相当するマニピュレータは欠いている場合が多い。

テレロボットはもともと人間のプレゼンス（存在感）を遠隔地から「転送」するために考案された装置である[81]。介護リボット的には多少役不足であるが、それでも緊急時の対応や監視等に用いることができる。一方で、認知障害のような重篤な症状を持つ高齢者を介護するために、この種の介護リボットの機能強化版の使用が検討されはじめている[82]。

ただし、結局のところ人間の側が介護リボットを受け容れられるかどうかということは忘れるべきではないだろう。人間の介護者とリボットで、高齢者にとってどちらがより望ましいかという問いは、実は深い問題を内包している[83]。ラリルレロボット的な介護リボットの社会実装例は、あまり多くない。おそらくこれは介護という仕事の性質と関係が深いと考えられる。介護リボットをだれがコントロールするかを考えたとき、それが介護者であるというのはいささかサービスとして冗長である。つまり、リボットと人間の両者が、ひとりのユーザー（被介護者）の傍にいなくてはならない。物理的に介護者を遠隔地に配置することも可能かもしれないが、そのメリットが何かと問われると必ずしも自明ではない。

介護リボットの理想的なコントローラーは、被介護者自身であろう。たとえば被介護者の精神と介護リボットを直接結合するというようなしくみが、理屈の上では考えられる。しかし、この種の脳-

機械結合技術（Brain Machine Interface: BMI）はまだ発展途上であり、日常生活空間での実装には、時間がかかると思われる。コントローラーとして一般的な装置を用いた場合、身体及び認知機能の弱った被介護者に、はたしてリボットがコントロールできるものなのだろうか。

トヨタ自動車のロボナース（もしくはHuman Support Robot: HSR）はそのような疑問に応えようとした介護リボットである。[84] このリボットは、「拾い上げる」という動作に特化することで、在宅の被介護者の要求に応えようとしたものである。さまざまな工夫により、テレビのリモコンのような固いものも、薬包や紙のような柔らかく壊れやすいものも扱うことが可能である。このロボットのコントローラーとしては、タブレット端末やスマートフォンが用いられている。少なくとも被介護者はこれらの装置を操作する必要があるものの、その垣根はあまり高くないと考えられる。

2・7・3 介護ルボット

介護の現場において人間の装着するルボットは大きな期待を集めている。[85] 人間のからだは成人男性の場合六六キログラム、成人女性の場合五三キログラム程度ある。そのような質量のある人体をひとりの人間が移動介助するのは簡単なことではない。また人間のからだはただの重い物体ではないため、移動介助には身体構造についての専門知識が必要であるといわれている。いずれせよ、介護者が被介護者の大きな荷重を支える必要があるという事実には変わりない。介護用装着型ロボット（介護ルボット）は、そのような介護の現場で用いられることを前提に開発されている。[86]

高齢化社会においては介護者自身も高齢化するという状況が予想される。そのような場合介護をすることで介護者が腰を痛めたり、思わぬ事故に巻き込まれたりするかもしれない。介護ルボットは、力学的に介護者を支援するにすぎないが、その有用性は計り知れない。

もともとルボットの多くは軍用に開発されたものであるが、その技術を家庭に持ち込むことで、介護者と被介護者の生活の質を高めることが期待できる。筑波大学で開発され、サイバーダイン社で生産されているHALは、代表的なルボットのひとつである。また、運転支援技術は、しばしば重大事故を引き起こす高齢者ドライバーの福音となるかもしれない。この場合の自動車は、ひろい意味でのルボットといえるだろう。

2・7・4　介護レボットと介護ロボット

自分で動き回るレボットは、数は多いとはいえないが実装がはじまっている。[87] 豊橋技術科学大学のTerapioや理化学研究所のRIBAは、非ヒューマノイド型の自律型介護「ロボット」（つまりレボット）であることを謳っている。[88] しかし、である。ここでいう「自律」が文字通りの自律を指すかというと、必ずしも肯んじえない気がする。このレボットの自律性については、章をあらためて議論するとして、ここでは少数ながら介護レボットが存在することだけは指摘しておきたいと思う。

現時点において、介護ロボットと呼べるラリルレロボットはまだ社会実装されていない。そもそも介護ロボットが、人間の似姿を持つ必要があるかどうかは大いに疑問のあるところである。とはいえ、仮に人間のコピーのような介護ロボット（すなわちヒューマノイド）が実現できれば、その意義は大きいだろう。なぜなら、先に述べた人的資源の払底のもたらす問題のひとつには、被介護者から見た場合の人間としての介護者の不在があるからである。つまり、どんなに巧妙な介護「ラリルレボット」が実装されたところで、またその機能が十分なものであったとしても、機械に黙々と面倒を見てもらう被介護者像というものは悪夢的なものでしかない。

結局のところ、介護サービスというものは人間が人間に提供するサービスであることが理想的である。もうすこしつっこんだ言い方をすれば、人間同士の相互作用のうちに介護という行為は存在するのであり、愛情や思いやりといった人間同士の温かみが欠けていれば、介護は機械を用いた家畜の世話と変わらなくなってしまう。大げさな言い方をすれば、介護とは人間性の最後の砦なのである。

そこにあえてロボットを導入することの意味は、私たちが素朴に考えるよりも深いのではないだろうか。私たちはロボットに被介護者を合わせるのではなく、ロボットが被介護者に近づくべきであると信じている。その理想形は何かといえば、要するに、ヒューマノイドロボットである。つまり、介護「ロボット」が人間の似姿をまとったラリルレロボット的な介護ロボットとなることは、必然なのである。ヒト型ロボットの本当の活躍の場は、ほかならぬ介護の現場なのかもしれない。

2・8 *StillSuit*

2・8・0 新しい発想の介護ルボット——StillSuit

産業技術総合研究所と理化学研究所は二〇一七年に協定を結び、機関の垣根を越えて共同研究を推進することで合意した。採択されたプロジェクトのひとつが、新しい発想のルボット・*StillSuit* の開

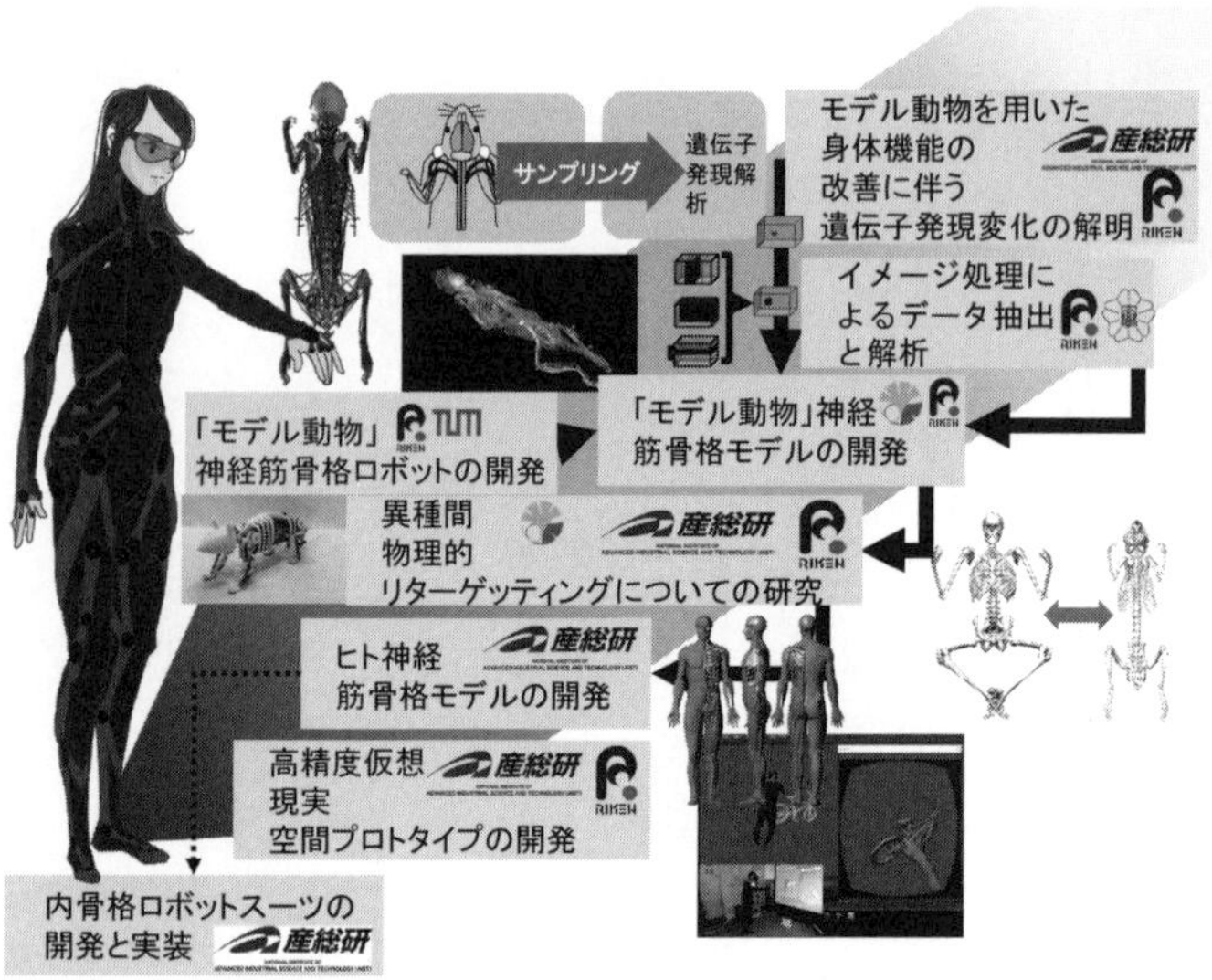

図2－1　*StillSuit* の概要[89]

発である（図2－1）[89]。

従来の介護に使われるラリルレロボットの発想は、外部から第三者としてのリボットが被介護者を介護するというものであった。しかし、*StillSuit* は被介護者自身がルボットを「着る」ことで、さまざまな介護サービスを受けることができる。*StillSuit* は、フランク・ハーバートのSF小説「デューン」に登場する“Still suit”から名前を取ったもので、ちょうど「デューン」の“Still suit”が砂漠生活者に閉鎖系の微小環境（Micro environment）を提供するように、加齢によって損なわれた身体機能を補うような生活空間としての微小環境を提供する。つまり、*StillSuit* は被介護者と一体化することで、介護者を見えなくしてしまうのだ。

2・8・1 人間拡張のツールとしての StillSuit

もっとも、*StillSuit* そのものは必ずしも介護ルボットとして開発されているわけではない。その目的はより広範なものである。

ラリルレロボットを含むさまざまな科学技術を用いて、人間の元来持つ機能を拡張することで、物理的・認知的な世界を拡大しようという考え方がある。これを「人間拡張」と呼ぶ(90)。たとえば、顕微鏡という装置は、人間の視力を圧倒的に強化することで、肉眼では見ることのできない微生物の発見を導いた。また望遠鏡によって、土星や木星にも月があるということを人類は知ることができるようになった。これらの装置によって、それまでの人間が把握してきた世界は一挙に拡大されたのである。*StillSuit* によってもたらされる機能拡張は、ある種の人間拡張とみなすこともできる。

だが、*StillSuit* の特徴はそれだけではない。一方的な介護は、結局のところ被介護者の身体能力を低下させることが知られている。これは生物の持つリモデリングと呼ばれる「適応変化」の結果であって、使わない機能は短時間に衰えてしまうことによる。よく知られている例は、微小重力空間における宇宙飛行士の筋骨格系の衰弱である。人間のからだは一定のストレスが与えられないと、その機能を保つことができないのである。

なんらかの原因で寝たきりになった高齢者は、坂道を転げ落ちるように認知・運動機能が損なわれる。これも悲劇的なリモデリングの一例である。逆にいえば、「正しい」ストレス（eustress）を与えることができれば、人間のからだを望ましい方向に変化（リモデリング）させることができるはずである。*StillSuit* は内蔵されたアクチュエータによる力学的な介入によって、この望ましいリモデリン

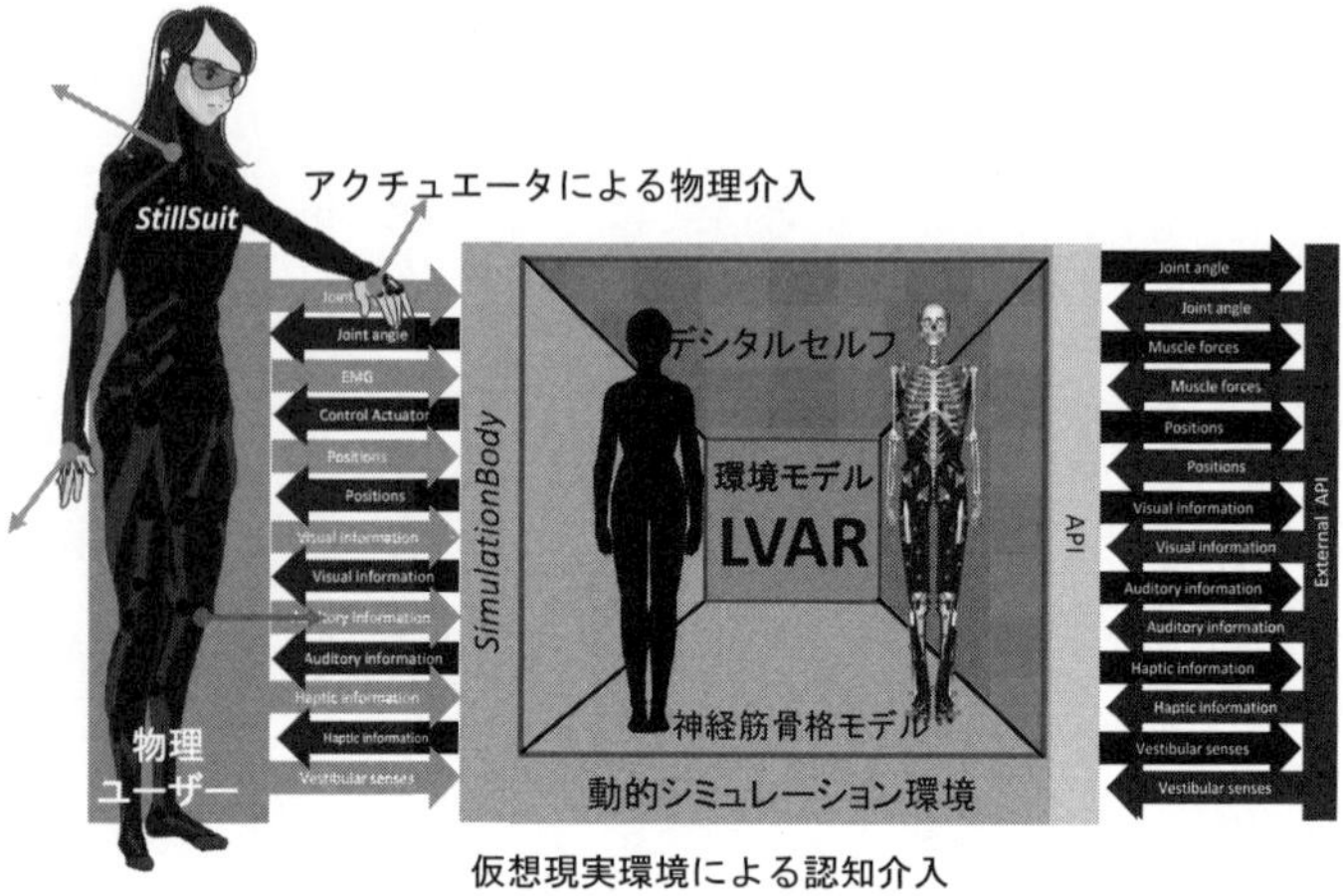

図2−2　力学的な介入によるリモデリングの誘導(91)

グを誘導することを目的としている（図2−2）。リモデリングは、筋骨格系だけの話ではない。認知のレベルにおいても一定のストレスは必要である。私たちの意識は中枢神経系によって司られているわけだが、中枢神経系の最大の特徴は大きな可塑性である。まさにリモデリングによって、私たちの意識はその存在を裏打ちされている。また複雑な運動機能は、中枢神経系の身体制御によって実現される。中枢神経系を健全な状態に保つには、やはり「正しい」ストレスが必要なのである。

StillSuit は、仮想現実技術によって、認知レベルへの介入を行なう。*StillSuit* の持つアクチュエータによってもたらされる力学的な介入と認知レベルへの介入は巧みに同期される。その相乗効果によって、*StillSuit* は最適化されたストレスを被介護者に与えるのである。*StillSuit* の開発においては、ロボット工学の専門家たちだけが *StillSuit* のデザインにかかわるのではなく、その機能の背後にある生物学的

な機序に踏み込んだ研究も行なわれている（図2－1参照）。つまるところリモデリングの実体とは分子レベルの現象である遺伝子発現の変化なので、ストレスに動物の心身がどう応答するかについて、中枢神経系と筋骨格系の両方で遺伝子発現解析が進められている。

StillSuit を社会実装するためには、デザインや社会実験を含めた多くの段階を経る必要がある。そのための地道な努力は、現在両機関の協力のもと進められている。*StillSuit* が完成すれば、「介護」の項で述べたような問題のかなりの部分が解決するかもしれない。

2・8・2　コミニュケーションツールとしての StillSuit

ところで *StillSuit* の提供する微小環境は、仮想生活空間とみなすことが可能である。したがって、*StillSuit* 装着者間の新しいコミュニケーションの手段としても機能する。たとえばユーザーAの認知及び力学的なレベルでの体験をユーザーBと共有することが可能となる。この機能を用いれば、少なくとも四種類の応用が考えられる。

1. *BodySimulaiton* の提供する仮想／複合現実空間内において、物理的には遠く離れたところにいるユーザー同士が、力学的な相互作用を含む深いコミュニケーションを取ることができる。たとえば、ユーザーAが遠隔地にいる家族と実体験に近いかたちで触れ合うことが可能になる。
2. ユーザーAの体験を、ユーザーBに追体験させることが可能になる。たとえば、高齢者が持つ高度な技能をその継承者に伝えるにあたって、非言語レベル知識（暗黙知）等を *StillSuit* を用いて効率的に提示することが可能になる。

3．身体能力の衰弱した高齢者が直接的に体験することの困難な登山等のスポーツを、*StillSuit* を介して間接的に体験させるというようなことが可能になる。

4．理屈の上では望ましいリモデリングをもたらす認知及び力学的な介入も、それが一種のトレーニングである以上、一定の負荷をともなう。これを生活空間で継続することは、容易なことではない。継続のためには、効果的な動機づけとして、仮想／複合現実空間を通して、効果的なコンテンツを提供できる。

このような応用を実現するためには、事実上現実世界と変わらない仮想／複合現実空間を視聴覚レベルで提供する必要がある。このような技術はまだ存在していないが、解決不可能な技術的困難があるわけではない。このプロジェクトではこのような仮想／複合現実空間のことを「超高精度仮想／複合現実空間」（Lucid Virtual-Mixed Reality: LVMR）と呼んでいる。LVMRが実現できれば、ユーザーはその空間内で効果的かつ安全な認知介入を受けることが可能になるだろう[91]。

2・8・3　生涯にわたるデータロガーとしての *StillSuit*

このプロジェクトでは、外骨格ロボットスーツというルボットのように *StillSuit* をユーザーが一時的に装着するというような使用方法を念頭においていない。常時着用を前提としている。ちょうど下着のようなイメージであり、たとえば睡眠中の着用も念頭においている。これは長時間にわたる人間の心身のリモデリングを念頭においているからであるが、このことは同時に*StillSuit*を生体情報のデータロガー（Data logger, センサーにより収集した各種データを保存する装置）とみなすことができるということでもある。ひとりの人間の長期間の（あるいは生涯にわたる）生体情報を取得できれば、ユーザーの健康管理に寄与することはいうまでもない。

2・8・4　仮想ルボットとしての*StillSuit*

*StillSuit*は、本質的には内骨格ロボットスーツ（それ自体は外骨格のような構造を持たず、人間の内骨格系に力学的構造を依存するタイプのルボット）であり、本来の意味でのルボットではない。しかし、ある意味ルボット的な使い方もできる。*StillSuit*はユーザーの関節角度を測るので、ヒト型ロボット等を物理的なアバター（つまりヒト型のリボット）としてコントロールするための、コントローラーとして用いることができる。*BodySimulaiton*は、LVMR空間内の仮想アバターをコントロールする枠組みであるが、アバターは物理的なものであっても構わないということである（図2-3）。このことについては通信コストなど、いくつかの解決すべき課題もあるが、まったく新規の技術が必要というわけではない。このように*StillSuit*には生物学的な意味での人間拡張としてのリモデリングの目的から派生したさまざまな応用が考えられる。

2・8・5　*StillSuit*による生物学的人間拡張に向けて

私たちの社会が高齢化の波にさらされ、さまざまな問題が顕在化していることは2・5節「工業」

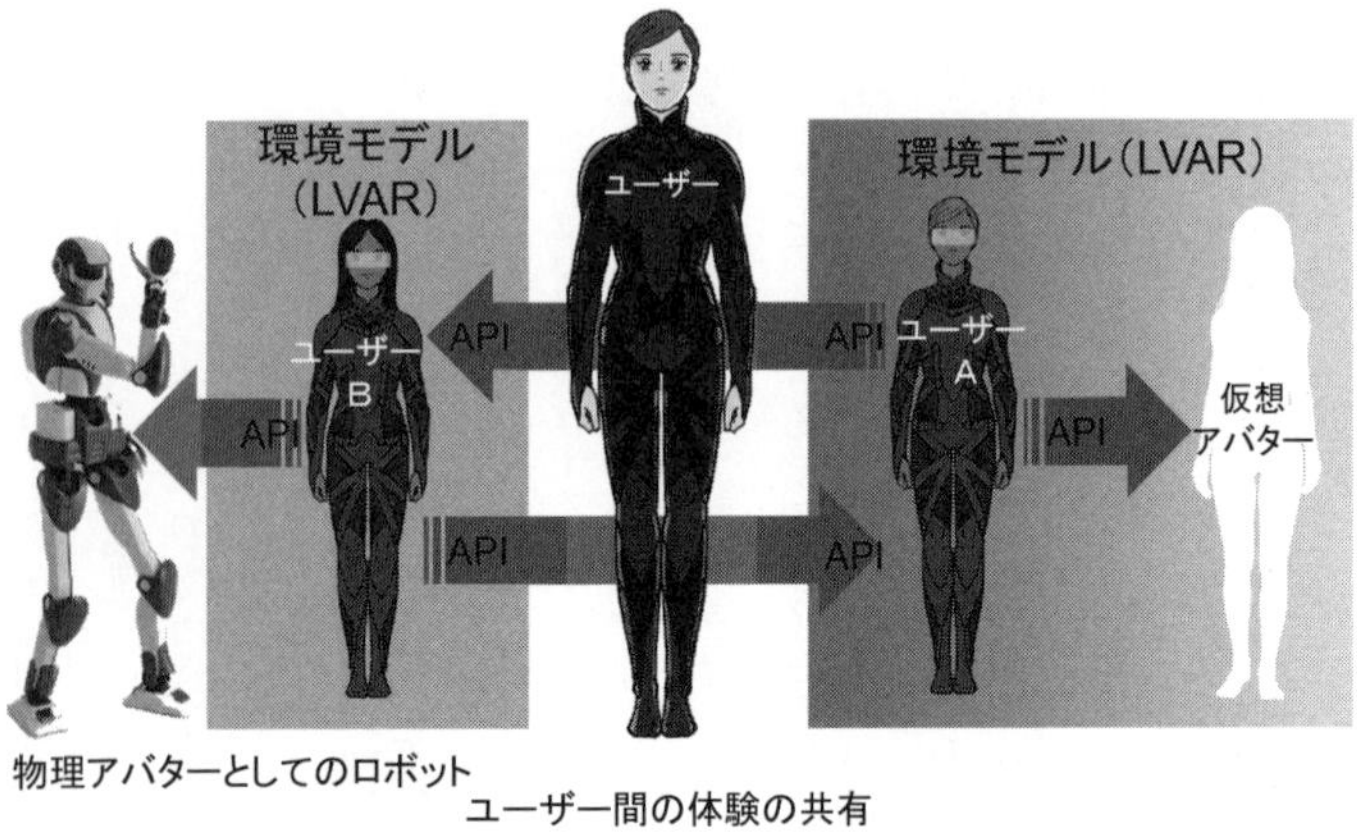

図2－3　*StillSuit* のルボットとしての応用可能性(89)

や2・7節「介護」で触れた。だがここで、高齢化社会がはらむより深刻な問題に触れておくべきだろう。

　高齢化社会の問題の本質は、加齢による病や心身の衰えによって高齢者自身が老いの苦しみに囚われることではない。生物が加齢により心身の能力や外見上の美しさを失うのは、自然の摂理として当然のことである。

　高齢化社会の問題の本質とは、高齢者の割合が増えることではない。生物学的な意味で次世代に寄与することもなければ、社会的な貢献度も高いとはいえない部分集団が、人口構造において大きな割合を占めてしまうことである。

　ある集団がいったんそのような状態に陥ってしまえば、その集団の活力（具体的にいえば社会的な文脈における生産性）が低下することは自明である。生物学的な意味で次世代に寄与する人間の割合が減る以上、集団のサイズはすこしずつ小さくならざるをえない。つまり、若年層が減るというかたちで人口は減少し、人口構造は逆三角形型となる。若年層への負担は加速度的に増し、労働時間の増加や婚期の遅れなどによって出生率は低下する。一方で医療技術の発達により多くの病が克服されるようになると、人間の寿命は長くなる。結果として高齢者の割合はますます増えることになる。

ここではあえて高齢化社会の負の面を誇張して書いている。とはいえ、実のところこれが現在の日本社会で起きていることなのである。今、日本の人口は減りつつある。そして労働人口に限っていえば、その減少率は過去一〇年で一五％に迫る勢いである[91]。何もむずかしい数学は必要ない。先述したように、今のままの状態が続けば、日本人という集団はやがて絶滅する。だがそれよりもずっと早く、日本という社会が機能しなくなる日が来るはずである。社会を支える人材が払底すれば、社会は機能不全に陥る。一体どうやって少数の若年層が多数の高齢者を支えることなどできるのだろうか。

社会の高齢化とは、文字通り社会そのものが老い、社会的な死に向かって滅びてゆくことなのである。今日、私たちが抱える問題とは、この負のスパイラルのなかにはまりこんだ社会が、一向に出口を見出すことができないでいることにある。これは単なる悲観論ではない。哀しくも恐ろしい現実なのである。

実のところこの傾向は日本に限ったことではない。主要先進国、いわゆるＧ７において、高齢化と出生率低下の傾向は多かれ少なかれ存在する。Ｇ７における明らかな例外はカナダと米国なのだが、この二国は移民によって成り立っている国であることを考慮すべきだろう。つまりこの両国においては、人的資源が移民として外部から定常的に供給され続けているのである。

読者のなかには、気づかれた方もおられるかもしれないが、いくら高性能の介護ロボットを作ったところでこの問題は解決しない。介護現場の人々は助かるかもしれないが、それは局所的な問題解決にすぎないといわざるをえない。それだけでは、社会全体を覆う負のスパイラルは、まがまがしい輪舞をやめはしないだろう。

高齢化時代の福祉を考えることは、もちろん大切なことである。しかし、それは対症療法でしかない。現在の日本社会の病理を根治するためには、どうしても若年層の負担を軽減する必要がある。そのためにはどうしたらよいのだろうか。カナダや米国、あるいはEU諸国のように移民を大規模に受け入れるというのもひとつの手である。しかし、この方法が諸刃の剣であることは2・5節で述べた通りである。

移民の受け入れの是非は、最終的には国民の総意で決めるべきであろう。だがここでは、自前の社会的資源を有効活用する方針を提案したい。上に述べたように、*StillSuit* はある種のリハビリのためのルボットとみなすことができる。しかし、人間拡張という観点から見た場合、別に疾病や障害を持ったユーザーだけを対象とする必要はない。健康ではあるが、高齢という理由だけで仕事から離れてゆく高齢者は世の中にたくさんいる。もし彼らの認知・運動機能をリモデリングによりすこしでも改善できれば、高齢者といえども従来と変わらぬポテンシャルを発揮できる可能性がある。

つまり、社会的資源を外からではなく、高齢者の厚い層という内に求めようというのである。いわば隠された人材源としての高齢者層を活用することにより、負のスパイラルに楔を打ち込もうというのがここでの基本的な考えである。

この種の人間拡張を、人間という生物そのものを拡張するという意味で、生物学的人間拡張と呼ぶことにしよう。*StillSuit* 自体は単なるルボットでしかないが、その開発のために必要な生物学的なデータは分子から個体レベルにわたって蓄積しつつある。私たちが人間という生命システムを必要十分に理解した上でそのポテンシャルを引き出すことができれば、ここでの目的に叶う生物学的な人間拡張が可能になるだろう。

実はロボット工学を用いて、人間という生命システムに介入しようという考え方はさほど珍しいものではない。リハビリの世界では多くの応用例がある。ロボット工学の基本的な考えは、工学的な手段で人間の本来持つ機能を代替しようというものである。だがここでは、生物学的な枠組みにより、ロボット工学と人間を融合しようとしていることに注意されたい。

これはロボット工学における新しい潮流なのである。

2・9　軍事

2・9・0　われはラリルレロボット

SF作家アイザック・アシモフの「ロボット工学三原則」は、彼の著作『われはロボット[92]』のなかで提案されている。いわく、

第一条　ロボットは人間に危害を加えてはならない。また、その危険を看過することによって、人間に危害を及ぼしてはならない。

第二条　ロボットは人間にあたえられた命令に服従しなければならない。ただし、あたえられた命令が、第一条に反する場合は、この限りでない。

第三条　ロボットは、前掲第一条および第二条に反するおそれのないかぎり、自己をまもらなければならない。

したがって、アシモフ的な世界においてロボット工学と軍事は、まるで相容れない概念であるはずだった。しかし、裏を返せば、ロボット工学三原則は、「ロボット」がきわめて強力な兵器にもなりうるとアシモフが予見していたことを意味するのかもしれない。ロボット工学三原則は、その予防措置であると考えることもできる。実際のところ、アシモフの作品群では、この三原則が内包する矛盾を突くことが、テーマのひとつとなっている。

人類史上、軍事に初めて本格的な科学技術を用いたのはシラクサの数学者アルキメデスであるといわれている。(93)(94) 彼の時代から二〇〇〇年以上を経て、私たちの世界は強力すぎる武器に取り囲まれている。たとえば核兵器は、宇宙の持つ根源的な力を兵器に転用し、その対象を人間自身に向けるようにしたものである。(95) これが人類を過剰殺戮するだけの能力を持つことは、多くの文献の指摘するところである。(96) いやそれどころか、地球上に数千万人いると推定される兵士ひとりひとりが携帯する小型火器ですら、どんな肉体的な能力もしのぐ強力な武器である。火器には火器以外で対抗する以外の手段は存在しない。(97) 言い方を変えれば、火器を携帯していない私たちは、火器を持つ兵士たちに容易に蹂躙されうるということでもある。ある武器に対抗するためには、同程度かそれ以上の能力を持った別の武器を使わざるをえない。この点に軍事力の基本原理があり、この原理に基づく正のフィードバックこそが、今日の軍事的インフレーションの原動力である。多くの社会科学の教科書に書かれている言葉を借りれば、軍事力とは究極の暴力であり、私たちは軍事力に対して軍事力以外の対抗手段を持ちえない。そんな軍事の世界の新参者が、兵器としてのラリルレロボットなのである。

2・9・1　軍事ラリルレロボットの誕生

近年、軍事用のラリルレロボットが注目されるようになった理由は明らかである。人間はかよわい。どんなに訓練を積んだ兵士であっても、弾丸の一発や爆弾の破片の前には無力である。また多くの兵士にとって、過酷な戦場で正常な精神状態を保つこともむずかしいといわれている。かつて軍事力が特権階級の専有物であった時代、兵士とは戦闘訓練を長年にわたって受けた「戦士」であった（彼らは今日でいうアスリートであった）。だがアルキメデス的な科学技術の成果として火器が登場し、一般の人々が短期間の訓練で戦士階級と互角に戦えるようになった。このことがフランス革命を経てやがて近代的な民主主義国家を生む苗床になったというのは、多くの歴史家の認めるところである(98)。

しかし、近代的な戦争においては、一般の人々が強力な武器の使用をすることが前提となっている以上、戦場において人間の心身がいかに過酷な状況にさらされるのかは、容易に想像がつく。第一次大戦で西欧社会は未曾有の戦死傷者を出した(99)。二度目の世界大戦ではその規模はさらに拡大し、もっと悲惨なかたちで繰り返された。近代的な戦争はいったんはじまってしまえば国家レベルの総力戦となり、制御困難な殺し合い（というよりも虐殺の応酬）になることがはっきりしたのである。ならば生身の兵士の代わりに極限環境に強いロボットを使えばよいではないか、というのはごく自然な発想といえるかもしれない。

2・9・2 戦場のラリルレロボットたち

現在実戦でもっとも多用されているラリルレロボットは巡航ミサイルであろう。巡航ミサイルは典型的なレボットである。すなわち、自律もしく半自律制御によって目標に体当たりをすることで敵にダメージを与える。この種の自爆型の攻撃方法というと、第二次世界大戦中の大日本帝国陸海軍の特別攻撃隊（特攻）が有名であるが、海外にもエルベ隊のような類似の例は存在する。[100] 今日の巡航ミサイルは、人間をコンピュータに置き換えた特攻だといえよう。

近年多用されつつあるドローンは、レボットというよりはリボット的である。すなわち、その身体はラリルレロボット工学を駆使した精密な機械であるが、そのコントロールにおける最終的な判断はあくまで人間の兵士が担う。つまり引き金を引くかどうかを決めるのは、今のところ人間の頭脳なのである。

人間の乗り込むハイテク戦車を含む軍用車両や攻撃型の軍用航空機はルボットということになるだろう。いずれも人間の持つ能力を拡大したり補完したりする武器であり、マジンガーZのような架空の戦闘ルボットの実現といってもよいだろう。

地雷は、ある意味原始的なラボットといえる。だが、より知的な能力を持った軍用ラボットも存在する。知的な装甲、ラボット型装甲である。

戦車は陸戦の花形というのが私たち一般人の感覚である。実際世界の軍事パレードを見ても、日本の自衛隊の観閲式を見ても、戦車はもっとも目立つ場面で登場することになっている。戦車が最初に登場したのは第一次大戦においてだが、基本的なデザインは今日も変わっていない。強力な火器を強力な装甲に守られた無限軌道（履帯）付の車体に乗せるというのが基本である。要は矛と盾を兼ね備えた人間の操縦する自動車のことを、私たちは戦車と呼んでいるのだ。

では、戦車の矛で戦車の盾を貫こうとしたらどうなるだろうか。基本的に戦車は想定される攻撃を防御するだけの装甲を持っている。だから盾の方が勝つというのがその答えである。ところが近年の軍事技術の発展は著しく、そんな戦車の盾を打ち抜く新しい矛が登場した。

最近の戦車の砲弾は文字通りの「砲弾」ではなく、矢のようなかたちをしたAPFSDSと呼ばれる運動エネルギー弾である。つまりみずからは化学的に爆発したりはしない[101]。ある意味、武器の先祖返りのようなもので、その鏃《やじり》にはきわめて固い金属が用いられている。安価でかつ硬度のある金属というと核廃棄物である劣化ウランなので、この放射性物質が鏃に使われることもある。いわゆる劣化ウラン弾である。この種の鏃で戦車の厚い装甲を突き破り、その膨大な運動エネルギーで乗員を含む戦車の内部を破壊するのである。

このAPFSDSに対抗できる戦車は事実上存在しない。APFSDSが高速で命中した瞬間、どんな頑丈な装甲も一時的に流体的な性質を示すことが示されている。APFSDSに対抗する唯一の手段は鏃の長さよりも装甲を厚くすることだけであるが、重量の制限のためにそれにも限度があるからである。

そこで装甲自体がみずから爆発することで、砲弾の軌道を逸らす方法が考案された[102]。このとき、爆発のタイミングと位置が決定的に重要である。知的なラボット装甲は砲弾の接近を感知して、みずから適切なタイミングで自爆することで戦車を守るのである。

2・9・3　引き金を引くのは誰か

このように、軍事の世界ではラボットからレボットまでがすべて揃っている。まさにラリルレロボットのショールームである。ヒト型ロボットの登場も、近いのかもしれない。だがここでひとつ注意すべきことがある。軍事におけるリボットとレボットの決定的な違いである。レボットは自律もしくは半自律型の機械である。一方リボットは、要するに従来の武器の延長上にある。操作者である人間がそばにいないだけであって、最終的に攻撃をするためのスイッチを押すのは（あるいは引き金を引くのは）人間なのである。軍事力が、究極的にはほかならぬ人間のからだを破壊するという目的を持っていることを考えると、だれがその主体になるのかということは際立って重要な問題である。軍事リボット（ドローン）と軍事レボット（巡航ミサイル）は姿形こそ似ているが、その本質的な意味合いはまるで異なるということを強調したい。

レボット兵器において私たちは、人を殺すという行為にかかわる判断を機械システムに委ねてしまっている。過去何度か繰り返されている巡航ミサイルによる誤爆は、ふつうの意味での誤爆ではない。レボット兵器は別に誤作動をして礼拝所や病院を破壊して、非戦闘員を死傷させたわけではない。レボット的にはそれらの攻撃対象は（与えられたデータに従えば）破壊するに足るものだったということなのである。

もし「非人道的な兵器」を禁止するというのであれば、アルゴリズミックに人間を殺傷する兵器はまさに非人道的な兵器であろう。にもかかわらず、現実の戦場でレボットが多用されているのは、それが際立って優秀な兵器であるからにほかならない。

そもそも軍事とは何かということを考えたとき、テクノロジーとのかかわりを抜きに語ることはできない。(103)歴史にすこしでも関心のある読者なら、人類の歴史が事実上戦争の歴史であることに気づくはずである。そして大きな戦争があるたびに人類の持つテクノロジーは飛躍的に発展した。たとえば航空機の発達は戦争と明らかにリンクしている。(104)この七〇年ほどの平和の時代においては、航空機の進化はむしろ停滞していると考えることもできる。コンピュータも核エネルギーも、戦争がなければその出現はずっとあとになっていただろう。

2・9・4　暴力装置としてのラリルレロボット

軍事力とは国家によって管理された暴力のひとつ、いわゆる「暴力装置」である。(105)路上で人を刺し殺せば犯罪者であり、いかなる理由があろうとも国家によって裁かれることになる。しかし、国家が個人に代わって一元的に暴力を管理しているおかげで、ある兵士が戦場で敵兵を殺せば英雄になることができる（もっとも自国が戦争に負けなければという条件つきではあるが）。

戦争を含む暴力が人間の専売特許であると考えることには無理がある。生物学的な視点からいえば、戦争行為も人間という生物の表現型のひとつといえる。すべての生物が限られた資源をめぐって闘ってきたのは事実であり、戦争行為がその延長線上にあるという表現はそれほど不自然ではない。もし軍事力が、生物が原初的に持つむきだしの攻撃衝動の延長線上にあるとすれば、戦争におけるすべての残虐行為は、ある種の生物学的な必然性として説明できるだろう。しかし人間の場合、テクノロジーによって暴力は正のフィードバックのなかでインフレーションを起こし、生存のための闘いという本来の目的を逸脱しつつある。結果として、今日私たちは自滅するに足る兵器を手にしている。

その位置に、攻撃能力の高いラリルレロボット、特に自律的なレボットをおくことの意味は、実はとても重い。だが現実世界においては、軍事のラリルレロボット化は着々と進んでいる。

2・9・5　戦争と平和

私たちはひとつの冷徹な現実に向かい合う必要があるようだ。こと軍事に関しては、AIやロボット工学は人間を完全に凌駕するという現実である。なにしろ、擬似的な戦争であるチェスや碁のようなゲームの世界では、人間はAIに到底かなわないことは、もう証明されてしまっているのである[106]から[107]。今日、AIとラリルレロボットを組み合わせた軍隊こそが、世界最強であると言い切ってよいように思う。

知的能力においても身体的能力においてもラリルレロボットが人間を凌駕するとしたら、ラリルレロボット兵器に対抗するためには、結局ラリルレロボット兵器を用いなくてはならなくなるだろう。それは前段に述べた正のフィードバックによる軍事力のインフレーションが現実に存在する以上、自然な予想である。ラリルレロボット同士の闘い、あるいはAI同士の戦いが起きたとき、戦争はどのような様相を見せるのだろうか。そして、そのときラリルレロボットたちはどのような判断をするのだろうか。

アシモフは、ロボット工学三原則に従った「ロボット」が、論理的な思考の帰結として人間を支配することを選択するという悪夢的な未来像を紡ぎ出した。「戦争はいけない」と口でいうことは簡単である。しかし、現実には私たちは私たちの手で殺戮を繰り返してきたという長い歴史を持っている。そして、おそらくこれからも同じことを繰り返すであろう。

たとえば、自動車の自動運転技術によって、私たち人間は交通事故によって人間を傷つけたり殺したりする危険性から自由になれるかもしれない。だがその代償として、みずから運転する喜びは失われるだろう。それと同じで、軍事上の判断をAIやラリルレロボットに委ねてしまうことで、人間はみずから思考し判断するという尊厳は失うかもしれない。だが進化の過程で私たちが獲得した攻撃衝動からは自由になれるかもしれない。内在的な攻撃衝動の結果として悲惨な戦争を繰り返しているのだとしたら、私たちが軍事にかかわる判断を手放すことはそれほど悪い選択でないのではないか、というささかペシミスティックな提案も可能である。

それによって、私たちは攻撃衝動から開放され、真の意味で平和が訪れる——のだろうか。それとも、アシモフの予見したような悪夢的な世界が待っているのだろうか。

2・10　宇宙

2・10・0　身体性の延長としての世界

海は広大だが、人間の力でまったく歯が立たない空間とはいえない。実際、人類は古来から海を通って大陸間を移動していた[108]。地球圏とは、あくまで生物学的な空間である。その「広大さ」は、時間さえかければなんとかなる、というスケールに収まっている。地球は人間を含む生物が生まれた場所であり、ある意味人間（や他の生物）の身体性の延長にある。ちょうどフィートという長さの単位が足の大きさに対応した「身体尺」であるように、私たちは私たちの世界の大きさを自分自身の延長としてごく自然に受け容れている。

しかし宇宙は違う。そこには、生物学的な尺度の延長では太刀打ちできないある種の断絶がある。深く暗い、虚無の断絶である。また、宇宙の「広大さ」は空間的な障壁であると同時に時間的な断絶でもある[109][110]。地球からもっとも近い天体である月ですら、光の速さで到達するのに一・三秒かかる。つまり私たちがふだん見ている月の姿は一・三秒ほど過去の姿である。

地球からもっとも近い惑星である火星までの距離は、四〜一三光分である。距離尺度に光速が出てくることからもわかるように、この距離はもはや人間の身体性の延長でどうこうできるものではない。地球の、ほんの周囲の天体ですらそうなのである。地球というゆりかごで育った私たち人間にとって、宇宙はあまりに広大で、なおかつ絶望的に遠い[111]。そもそも人間のからだは、地球外で生存できるようにはできていない。地球環境も人間にとって決して生やさしい場所ではないのだが、宇宙はそんな困難さえ問題にならないような、生命を完全に拒絶する物理現象の領域である。

2・10・1　地球というゆりかご

私たち人間は、地球という環境あっての存在である。私たちのかよわいタンパク質のからだは、地球環境の幾重ものベールに守られてやっと存在しているにすぎないのである。[112]私たちは、一個の自律的な存在というよりは、地球環境という巨大なエコシステムの一部なのである。[113]

私たちの精神は、さらに脆弱である。私たちの心は、おそらく宇宙空間そのものというよりは、宇宙空間が人間に突きつける時間の壁に耐えることはできないであろう。もし私たちが本気で宇宙空間への進出をめざすなら、地球環境ごと移動できるなんらかの手段が必要である。そのためには信じられないようなコストと、大袈裟な装置が必要になるだろう。

一九六九年に人間を、宇宙的規模からいえば地球の庭先にある月に送るために、第一弾だけで三万五一〇〇キロニュートンの推力を持つ化学推進エンジンと、三五〇〇トンの燃料と、全長一一〇メートルに及ぶ宇宙船を建造する必要があったのである。[114]その理由のひとつは、小さな地球環境ごと人間を宇宙に送り出す必要があったからにほかならない。

一九九七年に火星表面に到達した最初の「知的」存在は、したがって人間ではなかった。それはソジャーナ（Sojourner）[115]と名づけられたリボット・レボット（リ・レボット）だった。リ・レボットであれば、人間の持つ生物由来の脆弱さを排除することができる。ただし、火星と地球の間の長大な距離は「同時性」の断絶を意味していた。このことはソジャーナのリボット的な機能に大きな制約を与えていた。

もちろん、正確にいえばどのような空間においてもこの同時性の断絶は存在する。しかし、光の速さにとって十分に小さな距離であれば——たとえば三〇万キロメートルよりずっと小さな距離であるなら——この同時性の崩れはほとんど意識しなくてよい。実際アメリカ軍の無人兵器（ドローン）の多くは、アメリカ本土から直接リボット的にコントロールされ、地球の裏側の攻撃対象を爆撃することもできる。なぜなら、ここで問題とする距離は、衛星軌道を含めたところでせいぜい七万キロといったところであり、通信システムを工夫することでアメリカ本土にいる兵士はさほどタイムラグ（latency）を気にすることなく標的にミサイルを発射することができるからである[116]。

2・10・2　ゆりかごを離れたラリルレロボットたち

しかし地球 - 火星間ぐらいの距離の向こう側にあるリボットを、遠隔操作だけで操作しようとするのには無理がある。たとえば、私たちがなんらかの手段で、火星表面にリボットを送り届けたとしよう。そのリボットが入力情報としての映像を地球に届けようとする。しかしその信号が地球に達するまで、最短でも四分かかるのである[117]。火星表面にいるリボットが（内蔵のアルゴリズムでは対処できないような）新規の現象に出会ったとしよう。その様子を観察している人間がただちに判断を下したとして、与えられた指令が火星リボットに届くのにさらに四分もかかってしまうのだ。つまり、火星のリボットは八分間何もできずにいることになる。もし火星が地球の遠点（地球からもっとも遠くなる点）

に位置していれば、その時間はゆうに二六分間になる。

ここでの問題の本質は、火星リボットが八〜二六分のあいだ、基本的にその機能を停止しなくてはならないことにある。なぜならもし火星リボットが自律的にその状態を変えてしまえば、地球上の人間の出した指令が無駄になってしまう可能性があるからである。この間欠的な制御は、ほとんどリボットとしての意味を台無しにしてしまう。

だからこそ火星に送られたソジャーナは、リボット的な側面とレボット的な側面の両方を持ち合わせていたのである。すなわち、基本的には内蔵アルゴリズムに従って自律的に動作するが、必要に応じて地上からの指令に従って動くようになっているのである。実際のところ、ソジャーナを運んだマーズ・パスファインダー宇宙船[118]自体も、リボットであると同時にレボットでもあったといえる。

惑星探査にリボットやレボットを用いるメリットは、いくら強調しても強調し足りないほどである[119][120]。地球上ではしばしばぎこちなく不器用に見えるリボットやレボットたちも、過酷な極限環境にあってはそのもっとも特徴的な性質である頑健性と継続性をいかんなく発揮する[121]。言い方を変えれば、地球上のリ・レボットたちはわがままな人間に身の丈を合わせるために、その特長の多くを犠牲にしているようなものである。無人の荒野こそが、リボットやレボットにとってもっとも活躍できる場所なのかもしれない。

2・10・3　同時性の崩壊を克服したハヤブサの快挙

この特長がもっとも劇的に発揮された例が、小惑星探査宇宙船であるハヤブサであろう[122]。ハヤブサのターゲットになった小惑星イトカワは、火星の外側の軌道を回っている一般的な小惑星とは異なり、地球軌道の内側も通過するアポロ群に属する。[123] それでも、地球からの距離は近点（地球からもっとも近くなる点）で〇・七七天文単位（一天文単位は地球と太陽の間の平均距離）、遠点で一・五二天文単位になる。[124] つまり、地球から光速で送られた信号がイトカワとの間を往復するのに、最悪で約二〇〇〇秒を要することになる。

小惑星探査宇宙船「ハヤブサ」はきわめて実現困難な使命を負っていた。地球から一億キロ以上離れた小惑星帯に「人工惑星」として到達するのみならず、イトカワへの着陸と試料のサンプリング、そして地球の大気圏への再突入を目的としていたのである。ハヤブサは通常の推進剤を用いる化学推進エンジン（姿勢制御クラスタ）だけではなく、イオン推進エンジンによって推力を得ていた。しかし三基のうち二基のリアクションホイール[125]の故障等により、徐々に運用がむずかしくなっていった。結果として燃料を大量に消費する姿勢制御クラスタでの姿勢制御をせざるをえなかったのである。

ちょうど飛行機の着陸が飛行そのものよりはるかに困難であるように、宇宙船の天体への着陸は高度に複雑な制御を必要とする。電磁波や重力波を除けば空虚といってよい真空中を航行するのと、複雑な形状をした小惑星表面に着陸するのとでは、まったく異なった制御が必要となるからである。3・2節「マスター・スレーブ構造は永遠か」で触れるように、一九六九年にアポロ計画の宇宙船（イーグル月着陸船）が月着陸を試みたとき、想定外の事態が起こったために結局は船内のコンピュータを使わずに手動で月に着陸した。[126][127] 逆にいえば、もし月着陸船に人間が乗っていなければ、着陸は成功しなかったということである。結局のところ、未知の天体の地表面に関する情報を完全に数学モデルに落とし込むことは不可能であり、ぎりぎりの判断には人間の柔軟な判断が必要だったのだ。

しかし無人探査船であるハヤブサはほとんどの局面であらかじめプログラムされた行動しか取れず、なおかつリボット的な性質は圧倒的な地球からの距離のために封じられていた。つまり惑星間宇宙船でもあるハヤブサは、事実上レボットとして行動せざるをえなかったのである。残念なことに有人のイーグル月着陸船で起きたのと同じような状況が、無人のハヤブサでも起きてしまった。小惑星の状況が当初の想定とは異なっていたのである。加えて上記のリアクションホイールの故障はこの状況に拍車をかけていた。結果としてハヤブサは、小惑星地表上で機能不全に陥ってしまったと推定されている。その後ハヤブサは、地球上の人間の捨て身の判断により、リボットとしていったんイトカワから離れることで、かろうじて機能を回復したのである。もちろん、この一方通行の遠隔操作が大きな賭だったことは、いうまでもない。

私たちがリボットを操作しているとき、物理的にそのリボットがどこにあるかにかかわらず、心理的には私たちの身体性の延長上にあるということができる。だがそのリボットがあまりに遠距離にある場合は、人間とリボットの間の同時性は失われている。同時性を共有しない長すぎる手足を適切に制御するためには、手足が自分で判断し行動するようなカラクリがどうしても必要となってくるのである。ハヤブサの場合、逐次的なソフトウェアの改修という手段により、そのカラクリを無理矢理に強化したといえる。ハヤブサはその後、姿勢の乱れから宇宙を漂流することになる。通信が再開するのはその一年後であった。その後の試料カプセル地球帰還までの波瀾万丈の物語については、参考文献を参照されたい[128]。

2・10・4　宇宙開発とラリルレロボット

もしハヤブサがリ・レボットではなく、有人宇宙船だったらどのようなことが起きていたであろうか。船内の人間が臨機応変に機器の故障を解決しただろうか。たしかに、そうかもしれない。しかし、その活動に許されたタイムウィンドウは、極端に短くなっていたはずであり、もっと破滅的な結果を迎えていた可能性が高い。ハヤブサが通信の復帰までの一年間を待つことができたのは、ハヤブサ自身がリ・レボットであったからにほかならない。現実問題として、宇宙探査において人間を外宇宙に送り込むという行為にどのくらいの意味があるのかは疑問である。冷戦時代の熱に浮かされたような有人の宇宙開発競争は、明らかに米ソの対立という政治的な背景があった。競争相手に自国の威信を示すために、自国民を宇宙に送り込む必要があったのである。

有人宇宙探査には生体実験の側面がある。多くの民主主義国家において、人権を侵したり人命を軽視するという行為が許される状況は限られている。しかし、宇宙開発においては、なぜか国民的な同意の下にこれらのことが許されている。宇宙飛行士が宇宙空間でどのくらいの量の放射線に被爆するかとか、帰還後バイオプシーを含むさまざまな検査を受けることについて、必ずしも一般国民には知らされていない。現時点においては、私たちは「ロマン」とか「誇り」とかのある種のセンチメンタリズムによって宇宙開発の負の面から目を逸らしているのかもしれない。

一方で、宇宙開発ほどラリルレロボットとの親和性が高い分野はない。ラリルレロボットの長所が生かせるのは明らかに極限環境においてである。ただし、ハヤブサの例で見られたように、宇宙開発におけるラリルレロボットは想定外の障害からの「復旧」が極端にむずかしい。結局ハヤブサの場合、人手によるソフトウェアの改修のような大手術がどうしても必要だったのである。現状のラリルレロボットの課題は、明らかに自動復旧技術にあるだろう。

2・10・5　宇宙――新しいゆりかご

さて、未来の宇宙探査はどのようなものになるだろうか。相対性理論は宇宙のありとあらゆる物体が同期したひとつの「時計」に従って動いているわけではなく、それぞれの系の持つ「時計」に従っていることを主張している。太陽系外に宇宙船を送ろうとしたとき、同時性の崩壊は決定的なものになるだろう。地球最初の「外宇宙」船はボエジャー一号である。[129] いうまでもなく、この外宇宙探査船は典型的なリ・レボットである。ボエジャー一号は太陽や惑星の重力を利用したスイングバイによって推力を得たにすぎないので、現在は太陽系に対して等速運動を続けている。したがって、相対論的効果の方はさほど考えなくてもよかった。

だが、もっと本格的な恒星間宇宙船も計画されている。ダイダロス（Daedalus）計画はその一例である。[130][131] この計画では核パルス推進によってダイダロス宇宙船を最大で光速の一二パーセントまで加速させ、半世紀ほどかけて五・九光年先のバーナード星系に到達させることを目的としている。ダイダロス宇宙船はこのような加速を四六年間続ける計画になっているが、そこではもはや地球からの距離と相対速度の大きさによって、ダイダロスに地球から直接アクセスすることはきわめて困難であると予想される。加速を続けるダイダロスと地球は、事実上別の「宇宙」に属することになると表現しても過言ではないかもしれない。

ダイダロス計画が提案された一九七〇年代においては、必ずしもダイダロス宇宙船に積極的な知的能力を与えることは考えられていなかった。もし宇宙船そのものをレボット化できれば、地球との同時性の崩れをものともしない自己充足性を実現できるのではないだろうか。そのレボット的な特長は、ダイダロスがバーナード星系に到達し、未知の現象――たとえば地球外知的生命体に遭遇したときにもっとも発揮されるに違いない。最初の宇宙人と接触するのは生身の人間ではなく、レボットかもしれない可能性が高いだろう。

第3章　ラボット・リボット・ルボット・レボットの未来

3・0　ネットシステムのなかの位置づけ

第1章でも言及したが、インターネット上で、ロボットに似た動きをするシステムを「ボット」と呼ぶことがある。ソフトウェアの一種だが、ラボットからロボットまでの、ラリルレロボットという実体として存在するマシンが、インターネットを介してどのように相互作用するべきなのか、あるいはするべきではないのかは、現在大きな議論となっている。IoT（Internet of Things）システム中のThings（モノ）にラボットからロボットまでを含むべきかどうかについてである。IoT促進論者は、当然ラリルレロボットもインターネット世界に結びつけるべきだというだろう。しかし、それはよいことだろうか？

もともと米国の軍事研究プロジェクトDarpanetからスタートしたインターネットなので、当然ネットは軍事システムにも使われている。ということは、インターネットのシステムをデジタル的に攻撃することも、容易に考えられる。このようなことをする人々を、場合によっては尊敬をこめて「ハッカー」と呼ぶようだが、システムにとっては危険な存在である。国家をあげて敵国のインターネットシステムを破壊しようとするハッカー軍団が続々と作られている現在、世界中のシステムをIoTでつなげようという発想は、きわめて危険だと思われる。

他のネット世界から遮断された、閉じられたネット（イントラネット）こそ、IoTの生きる道だろう。このような閉鎖システムが多数並列して存在し、お互いは連絡をしない、という状況が、ラボット・リボット・ルボット・レボットの未来にとって、重要だ。ここでやっかいなのが、現在ひろく普及しているWiFi（無線LAN）である。有線LANであれば、物理的遮断が容易だが、無線LANの場合には、電波が飛び交っているため、パスワードなどの暗号を解読できれば、システムに侵入することができる。したがって、WiFiは使わないほうがよい。次節で論じる屋内のシステムでは、有線あるいはブルートゥースや赤外線などの近距離システムを有効活用することになるだろう。

そもそも、ネット社会は、インフラをもっとも有効に使う、いわゆるGAFA(1)と呼ばれるような世界規模の民間会社あるいは国家にとっては大きな利益があるが、個々人にとっては、便利になったけれども、個人情報がねこそぎもってゆかれている、なんとも寒々とした世の中になりつつある。このような状況のなかにあるからこそ、ラボット・リボット・ルボット・レボットが、人間を真のマスター（ご主人様）として、緊密な関係を築くことができるという、大きな未来があるのだ。

3・1　近未来のラボット・リボット・レボット

3・1・0　はじめに

この節では、すでに部分的には実現していたり、あるいは既存の技術を用いれば実現可能だが、まだ高価なシステムを中心に論じる。なかには、夢物語的なものもあるだろう。もっとも、多くのロボット工学者が夢見たり、実際に開発しているヒト型のロボットは、あまり役に立たない。むしろ、この節で論じるラボット、リボット、レボットにこそ、大きな未来があるのだ。

3・1・1　屋内

自宅に近づくと、家のなかに明かりがみえて、ほっとする。家族と同居している人ならば、そんな経験があるだろう。単身者でも、同じような経験をすることができる。自宅内の電灯のスイッチが点灯する時刻をセットしておけばよいのだ。あるいは、家の持ち主の現在位置を自動的に把握し、ある距離以内に近づいたら、ライトを含む自宅内のいろいろな電気機器が動き出すようにしておくことができる。これらのしくみは、建物内に設置されたさまざまなラボットによって、比較的簡単に実現できる。

屋内の電灯を、すべてセンサー付きのラボット＝ライトにしてしまえば、もはやライトをつけるためのスイッチは必要なくなる。スイッチは、本当にわずらわしいものだ。自宅であっても、一カ所に複数のスイッチがあるときには、間違うことがある。まして、ホテルや旅館だと、ライトのスイッチを探すのに手間取ることが多い。これらの宿泊施設のライトは、ぜひともセンサー付きにしてほしいものだ。すでに一部で導入されてはいるが。

もっとも、現在のセンサー付きLEDライトは、まだまだ発展途上である。廊下に設置するライトを考えてみよう。人間がさっと歩き去ることを前提とすれば、点灯してから消えるまでは、せいぜい一〇秒で十分だが、トイレだと、最低三分間は必要である。近い将来は、このように設置場所に応じた設定ができるか、あるいはいろいろな点灯時間を持つライトを売るべきだろう。現在は、周囲が暗くなり、かつ人間が発する赤外線の動きをキャッチして点灯するタイプが大部分だが、いろいろなセンサーを複合させたラボットライトが開発されて普及すれば、建物から点灯スイッチがなくなる時代が来るだろう。

屋内ライトは、もっと別のかたちで発展しうる。ライトそのものが人間とともに動く、リボット＝ライトだ。LEDは軽くて明るい照明なので、それが空間に浮遊するようなドローンが建物内を人間とともに動くシステムが考えられる。これは、サイエンス・フィクション『砂の惑星』シリーズ(2)で登場するグロー・グローブからヒントを得たものである。このようなライトがあれば、そもそも建物内に電灯を設置すること自体が必要なくなる。ただし、リボット＝ライトが移動するための空間が必要なので、ある程度天井までの高さが必要になる。

エアコンは、屋内における代表的なラボットである。しかし、建物が大きくなると、室内の空気を暖めたり冷やしたりするには、大きな電力が必要になる。そこで、ラボット＝ライトからリボット＝ライトを考えたように、人間とともに動き回る冷暖房システムを考えてみよう。エアカーテンのようなものを発生させるドローンが考えられる。人間の周囲の空気だけを暖めたり冷やしたりさせたるリボット＝エアコンだ。重量の問題があるので、簡単には実現しないだろう。そこで機能を限定して、ベッドのまわりだけ温度調節するラボットならば、比較的簡単に開発できるだろう。これが実現できれば、真冬でもうすい毛布をひっかけるだけで眠ることができる。「トイレにゆくよ」と声を出せば、すぐにトイレの暖房設備がオンになるというシステムも、現在の技術ならば簡単なので、おそらくすでに開発されているだろう。暖房便座も同様である。人間が居住する建物内の温度維持には大きなコストがかかるので、時間・空間に限定したシステムの開発は重要であろう。そこには、壁などに設置されたラボットや、人間とともに動き回るリボットが必須である。

ラボットは多様である。電気ポット、冷蔵庫、電子レンジ、ガスコンロ、IHコンロ、扇風機、空気循環機、電気温水器、風呂沸かし機などが、実用化されている。このように、台所では多数のラボットが使われているが、ひんぱんに用いる水道の蛇口は、まだほとんどラボット化されていないように思われる。駅など公共の場所に設置されているトイレの手洗い場では、手をかざすと水が出るシステムが一般化されつつあるが、家庭内ではほとんどみたことがない。温水が出るはずのシステムでも、お湯をためてあるタンクから台所がすこし遠い場合には、数十秒待たなくては暖かい水が出ないことがある。ガス瞬間湯沸かし器はそのようなことがないが、いちいちガスのスイッチを押す必要がある。人間が台所に入ったら、あるいはシンクの前に立ったら、それを感知して適温の水が蛇口から出る準備をしてくれるラボットを、ぜひ開発してもらいたいものだ。

日本が世界に誇る洗浄便座システムも、ラボットの一種だが、今後もっと機能を付加することが期待される。ゲノム研究者がすぐに思い浮かべるのは、「毎便シークエンシング」だ。大便をするたびに便座内で大便からサンプルを採取し、そこに存在するバクテリアのゲノムシークエンシングを行なうのである。どんなバクテリアがどのくらいの比率でいたのかを推定することにより、人間の健康状態をモニターするのである。わずか一〇年前には、このようなメタゲノム(3)は莫大な費用を用いる研究の対象でしかなかったが、塩基配列決定のコストが劇的に下がっているので、便座に内蔵して毎便シークエンスしても、一回あたりのコストが数百円程度にできる可能性がある。毎便とはいわなくても、一週間に一度など、定期的に調べるのならば、このくらいのコストは個人でも負担が可能だろう。これらメタゲノム検査によって、健康管理は大きく改善できるだろう。

将来的にはゲノムシークエンシングをさらに進めて、ひとりに一台シークエンサーの時代が来るだろう。今度は対象はバクテリアではなく、人間である。ヒトゲノムは三二億のDNA塩基からなるが、その決定コストは劇的に減少しており、おそらく数年後には数千円で決定できるようになるだろう。個人のゲノム情報を前もって用意しておき、体調がすぐれないと思ったら、全ゲノムシークエンシングをして、どのような体細胞突然変異が生じたのか、チェックするのだ。この発展型が、本章の3・5節で言及するマイクロシークエンサーである。

個人住宅ではまだあまり一般的ではないが、スイッチひとつで開閉するラボット＝カーテンや雨戸がわりのラボット＝シャッターは、今後もっと普及するだろう。窓が閉じているかどうかをセンサーで検出して、外出のときに自宅のすべての窓がきちんと閉まっているかどうかを玄関で教えてくれるシステムならば、安価なものが簡単に開発できるだろう。セキュリティ会社はすでに、窓がしまっているかどうかを検知するシステムを導入しているが、カーテンが閉まっているかどうかについては、未導入ではなかろうか？ また、吹き抜けの天井に近い部分に設置された窓は手が届かないので、自動で開閉する必要がある。もっとも、はめこみ式の窓にしてしまえば、そもそも、開閉する必要がなくなるが。室内の空気循環も、簡単なガス測定を定期的に行なって、その結果自動的に建物内外のラボット換気システムを導入すべきだろう。

屋内ではないが、屋根の上などに設置される太陽光発電機、太陽熱温水器、太陽熱発電機、ガス発電機なども、家ラボットの一部分と考えることができる。これらについては、すでにかなり自動化されているが、さまざまなセンサーをつけて、温度や日当たりなど、天候の変化を記録し、積雪など機器に大きな影響が出るときには、すぐにマスターに連絡するシステムがほしいところである。

人間が操縦するリボットは、まだ屋内ではあまり使われていないが、前述したように、近い将来人間につきそう室内型ドローン＝リボットが登場するかもしれない。また、遠隔操作で全室を探索できる室内監視用ドローン＝リボットも、別荘などでの需要があるだろう。一方、屋内で活躍すると考えられるルボットには、Cyberdyne 社で開発された HAL(4) や、2・8節で紹介した *StillSuit* のような、屋内移動アシストマシンがある。階段ののぼりおりはもちろん、高齢者やからだの不自由な人にとっては、部屋から部屋への移動も、このようなパワードスーツ＝ルボットを使うことがありうる。結局は値段の問題だが、このようなパワードスーツが大量に生産されて安価で販売されれば、かなり高額であり、設置も簡単ではない個人住宅用エレベータは、需要が減少するだろう。

現在、屋内でひろく用いられているレボットといえば、ルンバ(5)に代表される自動掃除機だ。ごみを吸い取るだけでなく、最近はぞうきんがけをしてくれるタイプも登場した。WINDRO のような自動窓拭き機(6)もあるが、窓枠から別の窓枠への移動は人間がしなくてはならず、現在のタイプはまだ不十分である。垂直な壁やガラス窓を掃除するレボットシステムの開発は、これからだろう。もっとも、すでに壁を移動するドローン(7)が開発されているので、それを応用すれば、窓拭きドローンレボットが登場する日も近いだろう。

バスルームもひんぱんに掃除が必要な空間だ。風呂そのものを自動で掃除するシステムが組み込まれたバスユニットは開発されているが、ここで問題にしたいのは、風呂のある部屋全体の掃除である。そこでは床面も、壁面も、天井も、またシャワーや蛇口など、複雑な形態の装置も掃除してもらいたいところだ。平面だけを移動する自動掃除機とはまったく異なる原理で動くレボットの開発が待たれるところである。おそらく、最初はビジネスホテルなど、定型的なユニットバス用に特化した掃除レボットから開発がはじまるだろう。イメージ的には、スポンジ様の口を持ち、ヘビのように這うレボットが予想される。あるいは、超小型ドローンが風呂空間のあちこちを飛び回り、ある程度水分を吸収すると下降して水をスポンジ部分から排出し、ふたたび上昇して水分が残っている部分を探索するというシステムも考えられる。風呂に入ったあと、風呂桶だけでなく、天井、壁、床などすべてを毎回きちんと拭いている人は、そう多くないだろう。風呂掃除レボットが開発されれば、風呂部屋はつねにきれいに乾燥しており、風呂の耐用年数も大幅に伸びるだろう。風呂内に取りつけられている鏡も、毎回バスレボットに拭いてもらえれば、いつもきれいなままだろう。

トイレも、風呂ほど水浸しにはならないが、清潔に保ちたい場所である。そこで、トイレ掃除専用のレボットも開発したらいいだろう。ハリー・ポッター(8)に登場するしもべ妖精のような感じではなく、臭い検出器と拭き取り機能をあわせ持つような、這い回り型のレボットが予想される。

個人住宅ではない大型建物には、業務用のレボットがすでにいろいろと開発されている。複数階移動掃除機(9)がそのひとつだ。窓拭きマシンもいろいろと開発されているし、高層ビルの上層で雨水を受けて、その落下エネルギーで水力発電することも考えられる(10)。

ヒト型ではない、パロ(11)のようなペットのレボットは、潜在的には需要は大きいだろうが、はてどれだけ長く使い続けられるだろうか？　アザラシはかわいいが、かわいい動物はほかにもたくさんいる。近い将来は、レンタルでいろいろなペット＝レボットをとっかえひっかえ使うということになるかもしれない。

ヒト型マシンであるロボット自体が開発途上だが、屋内で使う場合には、用途を特化すればすでにいくつか存在する。家政補助の万能ロボットはまだまだむずかしいが、友人、さらには愛人としてのロボットは、興味が高く、すでにいくつか開発されている。これらのヒト型ロボットについては、多数の書物ですでに議論されているので、ここでは論考を省略する。

屋内環境におけるラリルレロボットに関連して、最後にコンセントの大幅減を可能にするコードレス化に言及したい。掃除機＝レボットも含まれるが、コードレス掃除機は、特定の場所で充電するので、部屋から部屋を掃除する際に、各部屋にあるコンセントにいちいち掃除機のプラグを差し替えてゆく必要がない。これは心理的にはとても開放感がある。そこで、あらゆる電化製品を充電方式にできれば、建物のどの部屋からも、コンセントをなくしてしまうことができるだろう。エアコンは壁や天井に埋め込めばコンセントはなくていいし、テレビはどんどん大型化しているので、とりつける場所を前もって決めれば、テレビを設置する壁面の裏から電気をとればよい。冷蔵庫も同様である。その他の、あまり電力を必要としない小型家電は、すべて充電方式にするのだ。非常識と思われるかもしれないが、コンセントフリーの住宅は、かつて電気を使わなかった時代はあたりまえだった。センサー付きライトの採用により、スイッチフリーになるのと一緒になれば、日本の住宅がかつてのような、スイッチもコンセントもない、落ち着きのあるたたずまいにもどることができるのではなかろうか。

3・1・2　交通システム

道路の信号システムを考えてみよう。ここでも「信号機」というインフラ全体が、ラリルレロボット工学の発達によって、必要性がなくなるという将来像を描いてみたい。そもそも、交通事故の過半数は、交差点で生じている。[12] これは現在の技術レベルでは、交差点がきわめて危険な場所であることを示している。

かつて黒川紀章は、道路が交差する問題点を考慮して、一九六四年に神奈川県藤沢市の藤沢ニュータウン（現在は「湘南ライフタウン」）を設計した際に、T字路だけにした。[13] これだと、片方の道路を走る自動車がつねに優先され、行き止まりの道路を走ってきた自動車は必ずいったん停止して、左または右に曲がることになるので、信号がなくてもよい、優れた道路設計である。しかし、黒川本人の言葉によれば、このニュータウンの設計を許可した役所の役人が、「信号がない街角などありえない！」として、一カ所だけは四つ角を作ったとのことである。

長崎県五島列島の奈留島には、一個だけ信号がある。信号など必要のない小さな島なのだが、島の外に出かけたときに遭遇する信号というシステムを子どもたちに経験させておくために、信号を設置したとのことである。現実には、日本の道路のほとんどは、縦横に交差している。そして自動車同士がぶつかったり、歩行者と自動車がぶつかったりする事故がひんぱんに生じている。赤信号でも車道を渡る歩行者がおり、信号を見落として赤信号でも停止せずに直進する自動車がある。基本的に、信号システムは人間が信号の指示を守るという前提で作られている。性善説である。しかし、規則を守らない人間は多い。「赤信号、みんなで渡れば怖くない」という名言があるように、人間とは基本的に規則を守りたくない心理を持っている。

直交道路をなくすことは簡単ではない。しかし、信号機という、赤緑黄の色の認識を人間にゆだねた原始的なコントロールよりも、ずっとよい方法で、自動車や人間のゆききを制御できれば、すばらしいではないか！　そこで、センサーを持つラボット同士で交信するシステムの登場である。このシステムの王様は、歩行者だ。歩行者が身につけている、例の腕に巻かれたラボットが発する信号をキャッチしたら、自動車やバイク、自転車など、歩行者よりもはやい速度で動くものは、すべて停止する。次節で論じるルボットの代表である自動車も、すべてセンサーと交信装置を持っており、歩行者を検知したら停止する。そもそも、街地では、すぐに停止できるような速度でのみ移動することが、義務づけられるべきである。時速四〇キロメートルなど、街中を移動するマシンの速度としては、速すぎる。歩行者の歩く速度は、時速四キロメートル程度だから、その一〇倍に達する速度ではないか。私たちは、街中を歩くたびに、危険にさらされているのだ。どうしてこのような世の中になってしまったのだろうか。

人口密度の高い住宅街や商業地区では、すべての移動する物体の速度は、それらに付帯している速度センサー付きラボットによって、厳しくコントロールされるべきである。さらにこれらのラボットは、地理的に近い交通システムに存在する他のラボットと交信して、互いに衝突しないように自動車などの移動体をコントロールする。このようなシステムを日本中に広げることができれば、もはや信号機は必要がなくなるだろう。信号機は高価である。一個あたり一〇〇～五〇〇万円[14]であり、それが四つ角に四個あるから、日本全国の四つ角（統計がみあたらないので、仮に総数を一〇万カ所とする）で四〇万個必要である。これらの購入と設置にかかる数千億円にのぼる費用を、上記の新ラボットシステムの開発と配布に利用すればよい。現在の日本の人口は一億二〇〇〇万人ほどだ。歩行が困難な赤ん坊や寝たきりの人以外だと、一億人程度だろう。最初はモデル地域での配布になるだろうが、信号機システムよりもこちらのラボットシステムのほうが安全だということになれば、すこしずつ信号機なし地域を広げてゆけばよい。日本の人口は今後減少してゆくので、人間ひとりあたりに必要なラボットシステムを開発するのは、理にかなっているといえよう。

ラリルレロボットを多用した新交通システムでは、道路そのものにもセンサーを設置することが考えられる。これはすでに日本の高速道路では実用化されているようである。ループコイルというセンサーが二キロメートルおきに道路に埋め込まれており、その上を通過する車の数と平均速度を五分間隔で自動的に計測しているという[15]。将来はもっといろいろなセンサーを高速道路以外のふつうの道路にも埋設して、データ収集をはかるべきだろう。

交通機関には、道路システムのほかに、鉄道、水路、空路もある。これらで使われる電車、船、飛行機はルボットの一種であるが、リニアモーターカーにせよ、無人飛行機にせよ、それぞれ大規模な研究が進行中である[16]。特に鉄道は軌道の上を走るので自動化しやすく、現にゆりかもめなど一部のシステムはレボットとして無人運転を行なっている。しかし、道路と踏切で交差する鉄道システムは、つねに事故の危険性があり、人間が乗り込むルボットの状態を維持する必要があるだろう。多数の人間を輸送する鉄道車両や船、飛行機などは、本書のターゲットであるラリルレロボットの考察からはすこし離れるので、これ以上は議論しない。

ただし、踏切についてすこし考察しよう。踏切で遮断機が下りてもうすぐ電車が通過するとわかっているのに、遮断機を破壊して踏切を横断する自動車による事故が、ときおり起こる。この種の事故を防ぐためには、遮断機が下りているときのみ、強力な電波を発して、近づいてくる自動車を停止させるシステムを開発するという方法が考えられる。これには自動車システム全体にこの種の電波をキャッチしたら自動停止するシステムを導入する必要があり、それにはまだ時間がかかるだろう。人間が踏み切り内部に侵入する場合もあるので、踏切にセンサー（すでに開発されている[17]）を設置して、遮断機が下りているときに自動車や人間の侵入を発見したら、すぐに電車の停止をするというシステムの開発のほうが、優先されるだろう。

交通に関する本項の最後に、宅配便送付システムについて考えてみよう。最近、ドローンを用いた配送システムが開発されている[18]。空は二点間を直線で結ぶことができるので、田園地帯において、本一冊といった小型の荷物を短距離で運送するのならば、ドローンによる配達は理にかなっているだろう。しかし、都市部が多い日本では、多数のドローンが建物を縫うように飛び回るという、近未来SFに登場するような状況は、ちょっと考えにくい。そもそも、空を飛ぶにはかなりエネルギーが必要である。重い荷物は運ぶのが困難だろう。むしろ自然なのは、配送トラック中に自走荷台が格納されており、トラックから蜘蛛の子を散らすように荷台が自分で配送先に移動するというシステムである。すでに製品を開発した会社もある[19]。配達先に人がいないことを確認したら、また配送トラックまでもどればよい。このような自走荷台が歩道を移動してもよいという法規制が行なわれれば、エネルギー的にも配送システム的にも、空飛ぶドローンよりは実用性が高いだろう。

3・2　マスター・スレーブ構造は永遠か

3・2・0　人間はもはやマスターではない

動き回らないラボットであれ、人間型のロボットであれ、ラリルレロボットは、すべて人間というご主人様（マスター）にお仕えする奴隷（スレーブ）である。特に、人間がマシンをコントロールするリボットとルボットでは、マスター・スレーブという対応関係が明快である。そこで、この節では、これら二種類に限定した議論を行なう。

リボットの場合、人間というマスターがコントロールするので、両者のインターフェースは決定的に重要である。今日、巨額のコストをかけて研究開発されているリボットのひとつに、外科手術用のものがある。[20] 外科手術の多くは、患部の切除、切断、再建等を目的としている。要するに、いずれも刃物や高エネルギーを用いて、人体に影響を与える。したがって外科医の技量は治療結果に直結するわけだが、ここでいう技量とは明らかに器用さを含んでいる。ところが、複雑で高度な医療知識を習得する必要のある外科医に対して、テクニシャンとしての手先の器用さまでを求めるのは酷である。一方、法制度上の理由により、医師はテクニシャンとしての役割もこなさなくてはならない。高度な医療知識を持つ医師の指先の器用さを補完できるような装置が存在すれば、医師の負担を減らし、手術の成功率を上げることになることは想像に難くない。人間の感覚をはるかに凌駕するセンサーと、安定した器用さを持つ医療機器は、新しいタイプのリボットとして大きな期待を担っている。

このタイプのリボットに求められるのは、インターフェースの双方向性である。われわれはリボットを一方的にコントロールするのではなく、リボットからフィードバックを受けとる。視覚情報についての双方向性は珍しいことではないが、手術では触覚が重要である。と同時に、ある種の制御については人間の意のままに行なうのではない。もしリボットが人間の動作を完全にコピーするだけなら、多くの局面においてわざわざリボットを使う意味は薄れてしまう。リボットはコントローラーとしての人間を必ず必要とするので、その関係はそもそも冗長なのである。極限環境（原子炉内や宇宙空間等）においての完全なマスター・スレーブ構造には意味があるが、それ以外の局面においてはただの遠隔操作にすぎない。

ここで重要なのは、力や大きさの線形的なスケールアップではなく、制御の繊細さなのである。豊富な医療知識に基づく人手の合理的な介入と、リボットのプログラマブルな自動制御双方のハイブリット（つまり人間からリボットへの一方的な操作ではなく、リボットからのフィードバックに応じて人間の側も判断や操作を変えるような柔軟性）が、肝なのである。このような人間と機械の関係は、すでに現在の自動車の多くに運転支援システムとして実装されている（次項を参照）。

つまり、ここですでに完全なマスター・スレーブの関係は崩れている。人間は、場合によっては、リボットの判断に従う必要が出てくるからである。このことには、リボットという概念の包含するヒト・マシンインターフェースの本質的な重要性が現れている。

ただし、実用化までこぎつけられた外科手術用リボットは、まだ限られている。また、インターフェースの双方向性にしても、必ずしも完全なものが実装されているわけではない。言い方を変えると、まだまだ人間の側の技量に依存している部分が多い。一方で、最近はじめて外科手術用ロボットの治療成績が、人間の手による外科術の治療成績を上回ることが示された(21)。これはリボットの医療技術における輝かしい成果と言える。

3・2・1　自動車に「操縦」される人間

われわれは車を運転するときに、自分が一方的に車をコントロールしていると信じている。この意味で、自動車は本書では基本的にルボットに分類している。しかし実際には、路面の状況やハンドルの手応え等の情報によって、ほとんど無意識にコントロールの仕方を変えているのであり、車の側のコンピュータから行動を制御されている側面も強い。

最近の自動車のハンドルの多くは、電動パワーステアリング（EPS）を持ち、電動モーターの力でアシストされている(22)。万一の場合のフェイルセーフ機構として、ハンドルは一応物理的に操舵装置に結合されるしくみになっているが、仮に人間の力がなくても操舵が可能なほど、電動モーターのトルク（動力を伝達する回転軸に作用する力の量のこと）は大きい。要するに、正常な状態では、われわれはハンドルというコントローラーを使って、操舵輪を動かすサーボモータに信号を送っているだけなのである。われわれがハンドルに感じる手応えは、地面に接地したタイヤがセンサーとして機能し、そのデータにもとづいてCPUが生成した「手応え」を、ハンドルを駆動するモーターに返すことで実現されている。いわばわれわれの感じている手応えは、ある意味錯覚なのである。そもそも車のハンドルにフィードバック用の駆動モーターがついていることに驚く方もいるかもしれないが、現在の車というものはわれわれの知らないうちに、ドライバーの挙動をコントロールしている。つまり、もっとも素朴なマスター・スレーブシステムと考えられていた自動車は、いつのまにかそのような段階を越えつつあるのだ。

これは何もハンドルによる操舵だけに限ったことではない。ある種の自動車は（といってもその種類は少なくないが）個々の車輪独立に、別々の力でブレーキがかけられるようになっている。たとえばトヨタ自動車は、これを電子制御・ブレーキシステム（ECB）と呼んでいる[23]。仮に人間が直接コントロールするとしたら危険きわまりないことになるところだが、路面の状況や速度、そして車体の状況等に応じて、車のコンピュータが人間による操縦に介入することで、人間にとって予測不可能な状況を避けるしくみになっているのである。さらにスポーツタイプの車では、この機能を積極的に用いることにより、従来では考えられないようなすばやい（ある意味不自然な）挙動を車にさせることも可能になっている。

最近は操舵だけではなく、速度のコントロールに積極的に介入する車も登場している。かつては素朴なクルーズコントロールのみであったが、車間距離のコントロールや、衝突回避システムとして積極的に車速を変えるシステムも実用化されている。これらの機能は安全装備と謳われて実装されているわけだが、見方によっては、車による人間の行為へのかなり強引な介入と見ることもできる。

3・2・2　飛行機における自動運転

このように陸上を走行する自動車においては、センサーとそのデータを解析・判断するCPU、そしてその結果を物理的な影響力としてサーボモータ等を通して現実世界に返す仕組みの組み合わせは、技術的に成熟の域に達している。これらの制御に人間は事実上介在していないと言うより、人間が行なうよりもはるかに精密な制御が実現している。ここまでくれば、自律的な自動運転まであと一歩と思われるかもしれないが、実のところ技術的な障壁は、もう存在しないという見方も可能なのである。

一方、自動車よりもはるかに高度な技術を駆使している（と思われている）飛行機では、自動操縦がかなり以前から実用化されている。[24][25]その理由は、飛行機の使用を前提としている場所が、非日常空間に限られているからである。実は地上の道路に比べると、飛行機が飛行する空間は、数学的にモデル化しやすい。その空間に歩行者はいないし、障害物もきわめて少ない。大気の状態は、専門分野において定量的にモデル化されているうえ、その状態については地球規模で観察・予測がある程度のレベルで可能である。つまり、不確定性や動的なレベルが地上に比べて圧倒的に低い。さらに、もっとも飛行機事故が起きやすいといわれている離着陸は、空港という一般社会から隔離されたきわめて人工的な場所のみで行なわれる。技術的には困難であるといわれた、航行中の空母への自動着陸でさえ成功している。もっとも、考えてみれば軍用艦船の甲板上というのは、もっとも管理しやすい場所のひとつであり、仮に人的被害が出たとしても、社会的に（あるいは法的に）許容されやすいということは付け加えるべきだろう。いずれにせよ、すでに飛行機の離着陸は、それほど緊張を要する作業ではなくなりつつあるのだ。

飛行機の自動操縦そのものは、コンピュータが存在する前から実現していた。[26]と同時に、飛行機が人工衛星も含む地球規模の航空管制システムの助けを借りて飛んでいることを考えると、飛行機の自動操縦を「自律的」と規定するのも、むずかしいかもしれない。ただし、そのようなシステム全体を、ロボット工学者カプランがいう「見えないロボット」[27]とみなすことにすれば、飛行機航行システムは、地球規模のラボットといえるだろう。

飛行機のもうひとつの特徴は、高速性である。人間の持つ情報処理能力では、そもそも時間的に間に合わない制御を、飛行機は本質的に必要としている。そのような事情も、飛行の自動化を加速したのかもしれない。いずれにせよ、飛行機は、微生物を除けばどんな生物も生存できない成層圏で活動できる、別次元のルボットといえる。

3・2・3　レボットとしてのロケット

ルボットとしての飛行機に言及した以上、大気圏外を飛行できる有人ロケットについても触れておくべきだろう。有人ロケットの歴史は、冷戦下のふたつの超大国、アメリカ合衆国と旧ソビエト連邦との対立抜きには語れない。われわれは日本のH‐ⅡAやH‐ⅡBロケットも含め、ロケット推進の機械をある種の宇宙船とみなしている。しかし、その技術的なルーツをたどると、ナチス・ドイツの開発した人類最初の長距離弾道ミサイル、V2ロケットに行き着く。よく知られたことではあるが、ロケットとは弾道ミサイルと同じものだ[28]。

実用的なロケット推進は、モンゴル帝国時代にまで遡る。個体ロケットは、その後兵器としてさまざまな国で用いられた。宇宙旅行のためのロケットは、一九世紀ロシアのツィオルコフスキーによって発案されたが[29]、成層圏まで到達できた最初の液体燃料ロケットは、フォン・ブラウンによってナチス・ドイツ時代に開発されたV２ロケットである。V２ロケットは音速を超え、いかなる迎撃手段も存在しなかったが、命中精度が低く兵器としての価値はそれほど高くはなかったといわれている。[30]

冷戦下の有人ロケットは、要するに大陸間弾道ミサイルの弾頭のかわりに、人間を乗せたものであった。その基本的なしくみは、今日でも変わっていない。[31] ただし、すでに運用をやめているスペースシャトルは、すこし異なった経緯で開発された。

弾道ミサイルは、無人での飛行を前提とするため、誘導装置や精密な姿勢制御装置を搭載していた。この点においてフォン・ブラウンのV２ロケットの技術は卓越していた。われわれはロケットの打ち上げ等で、ロケットの基本的なデザインを見慣れているため、お尻から炎を吹き出しながら飛ぶのが典型的なロケットだと考えている。しかし、考えてみれば、非常に大きな質量のある物体をうしろから押して飛行させるためには、リアルタイムでの精密な姿勢制御が必要である。実際、最初の液体ロケットであるゴダードのロケットは、推進装置が先端についていた。[32] 一方、V２では、ジャイロスコープとアナログコンピュータを組み合わせることにより、ノズルの偏向板を精密に制御し、安定した飛行を実現させていた。現在のロケットも、偏向板の代わりにノズルそのものをジンバル機構を用いて制御することを除けば、V２と基本的な設計思想は同じである。[33] ちなみに、自衛隊の次期主力戦闘機開発のためのプロトタイプ機F-Xは、姿勢制御に偏向板を用いている。

つまりフォン・ブラウンのV２ロケットは、すでにある種のレボットであり、ある意味で人類最初の自律的なレボット兵器であった。フォン・ブラウンの成果は、ナチス・ドイツの敗北後、アメリカ合衆国と旧ソビエト連邦によって引き継がれ、より近代的で大規模な大陸間弾道ミサイルとして結実するのである。

そのような経緯を考えると、有人ロケットの制御においては、ロケットの誘導装置が主で、人間の果たすべき役割が従であることは、容易に想像がつくだろう。自国の人間を宇宙に運ぶという行為は、どちらかというと国の威信を示すための政治的な意味合いが強かった。

しかし一九六九年に成功した米国のアポロ一一号による人類初の月面着陸においては、人間が大きな役割を担ったことが知られている。すなわち、われわれは月面についての十分な知識を備えていなかったために、臨機応変の対応に迫られる局面があったのである。宇宙飛行士のとっさの判断がなければ、月面への着陸はむずかしかったといわれている。

このようにまったく新規の状況に直面したとき、人間の判断の適切な介入はきわめて意味が大きいと考えられる。これは外科手術用リボットの場合と状況は同じで、適切なインターフェースによって機械と人の長所が相補的に生かされた場合、人間が乗りこんでいるルボットはその長所を最大限に発揮することができるのである。

3・3 リボットの限界

3・3・0 拡張された身体としてのリボット

リボットは、人間によりリモート・コントロールされる。たまたまではあるが、リボットも「リモート・コントロール」も、リからはじまる単語である。リボットは、その制御系を全面的に人間の神経系に依存している。リボットには身体しかない。外界の情報は人間自身の感覚器官か、リボット自身の簡単なセンサーを介して収集され、リアルタイムに人間に送られる。人間はその情報をもとにリボットを「操作」する。古い世代の方には、ラジコン模型といえばわかってもらえるだろう。その単純な構造ゆえに、一般社会では現在ひろく使われている。

リボットの特長は、人間に制御を全面的に任せているおかげで、驚くほど「知的」な動きができることである。また複雑な制御系を内蔵する必要がないので、リボット自体を小型化できるし、逆に大きくすることも可能である。正確にいうと、リボットは人間の拡張された身体といったほうがよい。そして、リボットの多くは運動機能に関しては人間を凌駕するものを持っているので、人間よりも早く走ったり、空を飛んだりできる。いわば人間の身体能力は、リボットによって拡張することができる。(34) その意味でリボットは、人間の意識を機械に乗り移らせる手段といってもよいだろう。

3・3・1　原発リボットたち

現時点においてもっともひろく知られているリボットのひとつは、「メルトダウン」を起こした福島第一原子力発電所に投入されている「原発リボット」たちに違いない。(35) その多くは有線操縦のため長く太い「尾」とキャタピラー（履帯）を備えた、見たところ爬虫類や甲殻類、あるいは小型の戦車を連想させる外見をしている。(36) 自走できる内視鏡といった趣である。

原発リボットたちがそのような外見をまとっているには理由がある。原子炉の炉心周囲はきわめて複雑な構造物であり、文字通り原発の心臓血管系である。そのような複雑な場所に「潜り込む」必要がある以上、ロボットの形態には強い制約がかかっているのである。また、強い放射線に曝され続けるためさまざまな遮蔽手段を考慮しなくてはならないこともあり、どうしても無骨な臍の緒（umbilical cord）を介して遠隔操作される必要がある[37]。

私たち人間を含む生体は放射線に弱いことが知られているが、そのもっとも大きな理由は遺伝物質であるDNAが放射線に対して脆弱であるからである。すべての生理学的な現象は遺伝情報の支配を受けており、機序として遺伝情報の下流にある。いったんDNAが傷ついてしまうとほとんどの生命現象が損なわれる[38][39]。それは生物が分子機械であるゆえの宿命でもある。

工学的な機械も放射線に対する耐性は決して高くない。特に、高密度の半導体技術に依存した機器ほど放射線に弱いといわれている。皮肉なことに、ナノレベルの加工が可能になったせいで機械は分子機械的な性質を持つようになり、生物学的な脆弱さに悩まされるようになったのである。

放射線というと何か特別な現象のように考えられがちであるが、要は高エネルギー粒子と電磁波のことである。原子炉がなぜあそこまで大袈裟な構造物かといえば、まさに放射線と放射性物質を安全に封じ込める必要があるからである。リボットに対して原子炉と同等な放射線遮蔽を行なおうとすると、リボットを物理的に大きくしなくてはならない。それはリボットの長所のひとつを著しく損なうことになる。そのようなこともあって、リボットを使った炉心内での作業は大きな壁にぶつかっているというのが現状である。

これをラリルレロボットの観点から考えた場合、リボットのおかれている微妙な立ち位置が浮かび上がってくる。制御系（人間）を安全な場所においたまま、身体（リボット）を極限環境に派遣するという当初のアイデアが、炉心内のような極限環境では破綻してしまっているからである。

ただし、爆発事故を起こして瓦礫だらけになっている福島第一原子力発電所の建屋内や炉心内は、いわば悪条件のオンパレードのような場所であることは指摘しておくべきだろう。ロボット工学者たちが、これまでまったく想定してこなかったような場所であるともいえる。リボットが機能停止してしまった場合、人手による復旧がきわめて困難だという点は、外宇宙に飛び立った探査船とも似ている。原発内は、ある意味、外宇宙と同様か、それ以上に過酷な環境といえるかもしれない。

だが、原発リボットが継続的な改良によって「進化」し、超極限環境を克服する可能性は十分にある。そうなれば、人間の意識をまとった原発リボットは、向かうところ敵なしということになるかもしれない。

3・3・2 身代わりとしてのリボット

ロボット工学の世界では、リボットはテレロボットと呼ばれることもある。その種類は多岐にわたっているが、おおよそ一昔前の自律機能のないドローンに相当すると考えてよいだろう。

リモート・コントロール自動車と呼ばれるリボットがある。これは原発リボットと同じで、制御系を自動車の外に起き、無人で走行する自動車のことである。ただし、ここでいう自動車というのは vehicle の日本語訳なので、飛行機や宇宙船も含むことがある。

一番わかりやすい例が爆発物処理リボットである。人間は十分離れた場所からリボットを操縦し、爆発物を安全に処理する。ふつう車体にはアームとカメラが装着されている。走行の様子はむしろユーモラスであるが、爆発物処理というきわめてデリケートな作業を行なう必要があるため、熟練した作業員の指先の動きがアームに正確に伝わる工夫がしてある。[40]

爆発処理リボットには、作業者の手足の延長であると同時に、万一の場合人間の生のからだの身代わりになるという役割もある。いわば使い捨て可能な手足なのである。

映画の撮影では、リボット・カーが用いられることがある。映画用カメラは大型で重量もかさむため、リグと呼ばれる機材を使って三脚等に固定する。しかし場合によってはカメラを高速に移動したい場合もある。伝統的な手法ではレールを敷いて小さなトロッコにカメラを載せたり、自動車に車載したりする。最近ではカメラの安定化装置（スタビライザー）を使って、直接人間が運んだりすることもある。しかしこれらの方法ではカメラアングルにどうしても制限が生じる場合がある。そこで自走できる小さなリボットにカメラを搭載して、いわばカメラマンの代わりをさせるアイデアが生まれた。才能あるカメラマンがこの手法を使って撮影を行なうと、劇的な効果を生むことができる。[41]

3・3・3　レボット化するリボット

かつてドローンは純粋にリボットであった。操縦者はドローンの視覚系を借りてドローンを操縦していた。だが、この方法には一定の限界があることがわかってきた。人間が自動車や飛行機を内部からコントロールするとき、人間は持っている感覚器官をフル稼働させているといわれている。[42]その人間の感覚を、リボットがすべてカバーできるかというと、必ずしもそうではない。少なくとも現在の科学技術水準では、たとえば平衡感覚を、簡易な装置で人間に返すことができるかどうかは疑問である。

　すなわち、リボットの問題のひとつは、感覚や認知をリボットと人間のあいだで完全には共有できないということである。そのため人間はリボットを文字通りの意味で手足のように使えるわけではない。熟練した操縦者であれば、ある程度この溝を埋めることができるが、まったく新規の環境においてリボットがきわめて非力になってしまうのは上に述べた通りである。

　また、リボットはもうひとつ大きな限界を抱えている。

　ここまでのリボットの活躍を読んで、読者のなかにはリボットとは、結局一般的な乗り物と同じではないかと思われる方もいるかもしれない。実際のところ、その両者のあいだに技術的な差異はない。違うのは、操縦者である人間が物理的に別の場所にいるということだけである。冒頭に述べたように、リボットはラジコン模型と本質的な違いはない。

　だが、操縦者とリボットの物理的な距離が大きな意味を持ってくることがある。たとえば日本でも導入が予定されている軍事用ドローンは、地球の裏側から敵の領土深くに侵攻することもある。ドローンをコントロールする信号を運ぶ電波は、光と同じ速さで伝播するが、この位の距離になるとタイムラグを完全に避けることはできない。高速で移動するドローンにとって、何分の一秒かのタイムラグが決定的な意味を持つこともありうる。ドローンがミサイルなどの攻撃的な兵器を搭載していればなおさらのことで、人間からの指令が間に合わず、取り返しのつかない事態を招くかもしれない。

　もっと極端な例でいえば、外宇宙にリボットを送ったとき、通信の往復に数十分以上かかる場合もある。こうなるとリボットに人間の意識を宿らせているとはもはやいえない。2・10節で触れているように、このような場合はどうしても自律的な能力を持ったレボットの登場を待つ必要がある。

厳密にいうと、人間の脳内の神経系ですら、実はこのタイムラグの影響を受けているといわれている。通信のコストにかかわるリボットの可能性と限界を極めることは、その単純な原理とは裏腹に、とても深い意味を持っている。現実世界でリボットを試すことは、この通信コストを含めさまざまな知見を収集するよい機会でもある。だからこそ、リボットの実装が進んでいるともいえよう。

感覚と認知、距離、時間。現在のリボットが克服すべき課題は三つある。これをリボットの限界と見るか、それとも新しい飛躍のための試練と見るか、人によって意見の分かれるところかもしれない。

3・4　真に自律したレボットへの道

3・4・0　レボットの現状

二〇一五年に米国防総省高等研究計画局（DARPA）が主催したロボットのコンテスト、DARPAロボットチャレンジ（DRC）[43]の決勝戦は日本にとって苦く、また意義深いものだった。そもそもこのコンテストは、人間が活動できない災害現場、もっとありていにいえば、原子力発電所の事故現場での活躍を前提としたロボットのコンテストだった。二〇一一年に起きた日本の福島第一原子力発電所の大事故を念頭においたものであることは、だれの目にも明らかだった。原発事故の現場においては、いくつかの特徴的な制約が存在する。放射線の飛び交う閉鎖環境、爆発による瓦礫の山、そして高温多湿といった極限環境で作業者は複雑な仕事をこなさなくてはならない。特に強い放射線はとてもやっかいな存在で、人間はもとより、機械にも大きな障害を引き起こす。

原発事故の現場では遠隔操作式の「ロボット」、すなわちリボットの運用に一定の限界があることは繰り返し指摘されてきた。[44] まず、強い放射線のために無線操縦が困難である。コードをつけた有線操縦の場合、今度は瓦礫の山が大きな障害となる。たとえば、ケーブルが瓦礫に引っかかってしまう危険がある。原子炉内はもともと階段や隔壁に隔てられた狭い通路等、車輪での移動が困難な場所である。

結局即応性や柔軟性の観点から、人間が自分の足で現場に踏み込むのが一番現実的だというのが現況である。原発事故の現場でのこのような非人間的な現状を踏まえて、環境をセンサーで判断して自律的な行動ができるレボットの開発が希求されていることは容易に想像がつくだろう。

DRCの決勝戦では二五チームが参加し、そのうちの五チームが日本からの参加だった。この決勝戦の様子は Youtube 等で公開されている (https://youtu.be/g0TaYhipOfo) のでだれでも閲覧できる。結論からいえば、結果は惨憺たるものであった。どのチームがという話ではない。レボットの水準が、主催者側が期待した水準にまるで追いついていないことを人々に知らしめる結果になってしまったのである。特に当初期待された日本からの参加チームの成績は、まったくふるわなかった。

ちなみにこのコンテストで優勝したのは、韓国科学技術院（KAIST）のチームであった。KAISTチームはコンテストのルールを精査し、リソースを最大限に生かすかたちでもっとも高いスコアを叩き出した。[45]

はっきりいってしまうと、ダークホースの独走を許した背景には、DRCの精神を正直に汲んだ他チームの、あまりの不甲斐なさがあったといえる。DRCは極限環境における自律型ロボットの実装がいかにむずかしいかを如実に表す結果となってしまったのである。本命と目されていたSCHAFT（東京大学のベンチャー企業）[46]がGoogleに買収されたためコンテストへの参加を取りやめたという経緯を考えても、あまりに予想外の「残念」な結果であった。

3・4・1　美しくも儚い定式化世界

なぜレボットの実装はかくもむずかしいのだろうか。伝統的なロボット工学では、ラリルレロボットのすべての制御は厳密に定式化されている。それは当然のことであり、そうでなかったら機械工学のよって立つところがない。しかし、ラリルレロボットを取り巻く「環境」の方はそうではない。現実の環境は動的で、予測困難で、かつ定式化がむずかしい。

機械工学の伝統的な考え方はまず定式化可能な環境を設定して、そこで機能する工学システムを設計することである。環境を含めた閉鎖系を念頭においたパラダイムである以上、想定を逸脱した現象に対して工学システムが無力なのはあたりまえである。

定式化については、別の見方も可能である。人間が定式化を行なう以上、定式化された世界は人間という生物種の知性の世界に属している。それは同時に定式化の限界も意味している。人間という生物の知性にとって扱いづらい問題はたしかに存在するからである[47]。たとえば、水素爆発によって破壊された原子炉建屋内のような「環境」は、はたして人間の知性の世界に属しうるのだろうか。少なくとも実際の事故が起きるまで、この惨事を「定式化」した人間はいなかったはずである。人間の側の都合に合わせて、この世界が存在しているわけではないのだ。

定式化された世界はたしかに美しいが、現実はときに醜いほどにとらえどころがない。その醜さですら人間の世界に属した概念であることは皮肉なことではあるが、それを克服しない限り、現実世界で活躍できるレボットを作ることは不可能である。

ではなぜ人間自身はそのような環境でも活動できるのだろうか。人間ももちろん万能ではない。しかし、人間の未知の環境への柔軟性には驚くべきものがある。理由はある意味自明である。私たちの身体制御に関する能力は四〇億年という膨大な時間をかけて進化の過程で鍛えられてきたと考えられるからである。失敗した個体は淘汰され、成功したものだけが生き残るという無数の試行錯誤を経て、私たちは過酷な自然のなかで「進化」してきたのである。別にこれは人間に限ったことではない。すべての生物はそのような試練を経て今日存在している。では捨て身とでもいえるやり方で獲得した巧みな身体制御を、人間の知性でどのくらい再現できるものなのだろうか。

明らかに、生物は自分自身や環境を定式化した上で「進化」してきたわけではない。先に述べたように、生物の進化は突然変異によってもたらされた盲目的な試行錯誤の結果であるというのが、進化学の事実上のコンセンサスである。そこには人間的な意味での知性の介入する余地はない。

そのように考えると、ある重要な疑問に突き当たらざるをえない。生物の持つ能力には、原理的に機械工学の枠組みになかなか落とせないものもあるのではないだろうか。

3・4・2　自律するレボットの鍵

そのような考えのもとに、新しいかたちのラリルレロボットが提唱された。それは柔らかい素材を用いており、ソフトロボティックス[48][49]と呼ばれることがある。ここで注意すべきことは、ソフトな素材が、伝統的な機械工学にとって未知の世界だということだ。もちろん、これらソフトな素材をまとったラリルレロボットは、これまでの機械工学のことばで再解釈することは、できるかもしれない。だが、現実的なコストで知識体系の再構築をおこなえるかどうかは、また別の話であろう。そんなことをするなら、まったく新しい知識体系を一から構築しなおしたほうが早いからである。

現在開発されているこれらのソフトなラリルレロボットは、厳密な定式化を手放すことによって、現実的な手法に基づいたアプローチである。それはハードウェア・レベルでの生命現象の模倣といってもよいかもしれない。このような言い方もできるだろう。柔らかいラリルレロボットとは、頑健な運動制御を実現するために長年苦闘してきたロボット工学のたどり着いた、苦い解のひとつである。

柔らかいラリルレロボットは明らかに、ラリルレロボット工学の未来を占う上で重要な意味を持っている。多くの柔らかいラリルレロボットが開発され、複雑な制御も必要としないことがわかってきた。つまり、柔らかい素材そのものが複雑な制御の肩代わりをするという意味で、「考える」ことができることがわかってきたのである。考えてみればこれは当然のことで、伝統的な機械工学においては、「柔らかさ」も定式化の対象として、複雑な制御によって実現してきたのである。それが、素材を柔らかいものに変えただけで、易々と実現してしまったのである。とはいえ、それだけですべてが解決するかというと、そうではない。

昆虫のように剛体に近い外骨格構造を持つ生物も、自然界では巧みな運動能力を実現している。そのことを考えると、生物の持つ卓越した能力が身体の力学的な構造（もしくは「ハードウェア」）だけで実現されているとは思えない。やはりその鍵は制御（もしくは「ソフトウェア」）の方にあると考えられる。

実際に、その制御を人間が肩代わりしているリボットやルボットたちは、複雑な環境のなかでそれなりの適応的な能力を発揮している。人間が制御している以上あたりまえといえなくもないが、これは伝統的な機械工学によって生み出されたハードウェアが、それなりの成熟を見せていることの証左とはいえないだろうか。

その意味で、ボストンダイナミックス[50]の開発している、本書でいうところのレボットたちは、その自然環境における適応能力の高さによって専門家をあっといわせた。もともと米国防総省高等研究計画局の予算で開発されたそれは、当初から戦場（原発事故の現場と同様に、定式化しにくい環境）での使用をめざしていた。そのなかでも一番有名なビッグドッグ（Big dog）は、兵士の代わりに不整地で荷物を運んで進む四足歩行レボットである。結局動作音の大きさがネックとなり正式採用にはいたらなかったが、逆にいえば静粛性以外の性能は軍の要求を満たしていたと考えることもできる。

ビッグドッグは、外的要因によって歩行を妨害されても巧みな制御でバランスを保つことができる。急な斜面や不整地での「行軍」が可能である。ただし、それはあくまで脊髄反射的な制御であり、より高次な判断を必要とする制御ができるわけではない。基本的に兵士のあとをついて歩くことしかできないのである。たとえばDRCで要求されたような複雑で知的な手続きをともなう作業を、ビッグドッグに求めることには無理があると思われる。人間の運動計画（motion planning）[51]を含む運動機能にかかわる能力は、それほどに卓越しているのである。

ともあれ、ボストンダイナミックス社のマシンたちが、地球上でもっとも先進的なレボットのひとつであるのは間違いない。彼らを見ていると、現在のロボット工学の延長線上で本当の意味での自律レボットが開発される日も遠くないように思える。

しかし、そのためにはもうひとつの「自律」を達成する必要がある。

3・4・3　脊髄反射を越えて

私たち人間が本音でレボットに期待する「自律」とは、ビッグドッグの実現している脊髄反射的な自律ではおそらくない。ラリルレロボット工学でいうところの自律とは、人手による介入なしでシステムと環境が相互作用しながら機能し続けることである。だがここでいう「環境」が何を指すかで、自律の意味は大きく変わってくる。一見矛盾するように聞こえるかもしれないが、その「環境」にはレボット自身も含まれる場合もあるからである。私たちが現状のレボットに感じるフラストレーションの多くの部分は、かなりの人手をかけないと満足に機能してくれないという事実にある。自律を謳うレボットでありながら、人間が寄ってたかって世話をしてやらない限り、機能し続けることはむずかしいのである。

世の中にある多くの機械は、保守のため多くの人手を必要とする。自動車でも飛行機でも工場の機械でも、人間が手をかけてやらなくてはあっというまに動かなくなってしまう。私たちは一般的な機械というものはそんなものだと納得しているので、その維持のために膨大なコストを払うことにそれほど大きな抵抗を感じてはいない。たとえば、車を定期点検に出さなくてはならないからといって、車を欠陥品だと文句をいう人はいない。ところが、私たちはレボットだけは特別だと考えているのではなかろうか？　これは、レボットが自律して動くという前提があるために、レボットという機械に対して、機械以上の何かを、心のどこかで期待しているからかもしれない。

3・4・4　自律するレボットの限界

つまるところ私たちが思い描く「自律」とは、生物の持つような自律的な能力であると思われる。そこには先に述べたような高度な運動機能の実現以上の意味が含まれている。簡単な言葉でいえば、メンテナンスフリーということである。そしておそらくそこには、治癒のような自己修復機能や、生殖のような自己複製機能も含まれる。現在実装されているレボットは、限られた意味での「自律」能力しか備えていない。いってみれば、それは伝統的な機械工学の世界の約束事である。だが、原発事故の現場のような過酷な環境では、その約束事はいつも守られるわけではない。人間が本当にレボットに求めている「自律」性は、工学的な文脈においてではなく、むしろ生物学的な文脈のなかで定義されるべきであろう。つまり機械というよりは、人造人間のそれである。具体的には、映画「ブレードランナー」[52]に登場するレプリカントのような存在である。現状のレボットは、もっとも先進的なものも含めて、人間の「世話」を受けなければ機能し続けることができない。いわば赤ん坊のような存在である。

レボットが本当の意味で「自律」するとは、機能するために人間の介入を必要としないだけでなく、存在するためにも人間の介入を必要としないことではないだろうか。現状のレボットの限界は、定式化された世界の限界でもある。定式化された世界とは、つまるところ人間の知性の及ぶ世界のことである。生物は、定式化されていない世界で生き延びることができる。人間がいなくなっても他の生物は生き続けるであろう。当然のことである。レボットが人類滅亡後の世界で生き延びることができるようになるまで、本当の意味での「自律」は達せられることはないだろう。

そのようなことをロボット工学者にいえば、一笑に付されること間違いない。ロボット工学における人間の知性の役回りを、真っ向から否定しているのであるから。だがここではあえて主張したい。本当のレボットを生み出すためには、おそらく人間の知性のみでは不十分である。そしてその鍵は、進化という現象にあるのではなかろうか。レボットは、人間の知性とは異なる「知性」にデザインされる必要がある。このような発想は決して絵空事ではない。人工知能の世界には、かつて提案され、そのあまりの計算コストの高さから一度は見捨てられた強化学習[53]というアプローチがある。

近年、強化学習はコンピュータの急激な発達によってあらためて脚光を浴びている。重要なことは、強化学習は人間の知性とはまったく異なった方法で世界を「認識」しうるということである。ここに人間の知性への大いなる皮肉がある。強化学習を考え出したのは人間であるにもかかわらず、強化学習は人間の手を離れて勝手な推論をしはじめているのである。人類はもはや人工知能をチェスや碁で打ち負かすことはできない。彼らが人間とはまったく異なる仕方で思考をはじめているからである。しかもそのやり方は人間の知的な能力をはるかに凌駕しているのである。もはやそれはゲームではない。あまりに一方的な勝負である。だがあえてそのくらいのことをしない限り、自律するレボットの限界を打ち破ることはできないであろう。人間に残されているのは、そのような自律するレボットの存在を許せるかどうかという覚悟だけのように思える。

3・5　不老不死とマイクロレボット

本章の最後に、ひょっとすると不老不死を実現してくれるかもしれないレボットについて、夢を語りたい。それはわれわれの体内で活躍するマイクロレボットである。

人間は、多細胞生物だ。成人の場合、数十兆個の細胞からできている。それらが、脳、血管、骨、筋肉、内臓など、さまざまな器官をかたちづくる。もとはといえば、母親の卵と父親の精子が合体して、受精卵という一個の細胞から出発したものである。胎児、赤ん坊、子ども、思春期を経て、成人になるまでには二〇年ほど必要だが、そのあとは老いるだけである。

「老い」とは何か。自然科学的にいえば、なんらかの分子的変化だ。老廃物といわれる、さまざまな代謝物質の一群が細胞のなかに蓄積したり、DNA上に体細胞突然変異が蓄積したりと、いろいろな状況が考えられる。老化について深く洞察することは、本書の埒外である。そこで、現在までの知識および近い将来の研究により、物質A1が物質A2に変化することが、老化の一原因だとわかったと仮定しよう。すると、論理的には、物質A2を物質A1にもどしてやる、あるいは物質A2を分解してしまえば、老化は部分的にストップするはずだ。ゲノムのDNA配列についても、受精卵のときの塩基配列とは異なる配列は、体細胞突然変異によって生じる。これらは頻度は低いものの、細胞数が多いので、老化に影響する可能性がある。どのような変化が老化につながるのかはわからなくても、受精卵のときのゲノム配列にもどしてやれば、老化速度が弱まるかもしれない。

この考え方は、統計熱力学における「マックスウェルの悪魔」に類似したところがある。しかしタンパク質やDNAは高分子で安定な構造をとると考えられるので、熱エネルギーのゆらぎはあまり影響しない。また、近年注目を浴びているマイクロマシンとも異なっている。ここで夢想しているのは、細胞のなかに入り込んで、ターゲットとなる分子を発見し、それを改変する「マイクロレボット」である。材料となる物質としては、一般にレボットで用いられる鉄などの金属ではなく、細胞と相性のよいタンパク質や糖などから作ることが想定される。特定の分子構造を識別するセンサーとしては、抗体のようなものが考えられるかもしれない。いずれにせよ、マイクロレボットは、プロトタイプすら、まだ存在しないかもしれない。今後の課題である。(54)

第4章　ロボットの未来

4・0　人工知能の限界

4・0・0　はじめに

この節では「ラリルレロボット」の未来を占うため、いささか広範な議論をさせていただく。そのなかには一見「ラリルレロボット」とあまり関係ないような話題も含まれるが、この回り道は「ラリルレロボット」的世界を俯瞰するためにどうしても必要なものである。どうかお付き合い願いたい。

「人工知能」（Artificial Intelligence; 略称ＡＩ）という言葉は、本書が刊行されるまでの、いわゆる「ロボット」と同様に定義がむずかしい言葉である。現実の社会というよりは、ＳＦのような虚構の世界で育まれた言葉といってよいかもしれない。でありながら、今日これほど現実の社会に影響を与えている概念もないだろう。民間企業はこの「人工知能」という得体の知れないものに投資を惜しまない。多くの国家は、この分野に多額の研究予算を割いている。私たちは人工知能に大いに期待をしているのである。実をいうと、何を期待しているのか自分たちでもわかっていないのだが、この行き詰まった世界をなんとかしてくれるのではないかという、何の根拠もない希望を「人工知能」という摩訶不思議な言葉に見つけ出そうとしているようにも思える。

しかもこれは最近の話ではないのである。日本はすでに一九八〇年代に膨大な予算を「人工知能」研究に注ぎ込んでいる。そして、一部の口さがない評論家によれば、それは何も生み出さなかったということになっている。それはさすがにいいすぎであろうが、少なくとも当初期待されていた「人工知能」の実現に至らなかったのは事実である。

一九八〇年代当時、すでに人工知能についての基本的な体系は出揃っていた。少なくとも、今日「人工知能」と呼ばれる技術の基礎は存在していたといってよい。大雑把にいえば、ふたつの「学派」が存在していた。シンボリズム（Symbolism）とコネクショニズム（Connectionism）である。[1]これらは学派というよりは、思想といった方がよいかもしれない。技術史というものをひもとくと、ある技術の実装にあたっては必ず骨子となるべき思想が存在することがわかる。なぜ工学的な実装と人文学的な思想が対をなすのかは興味深いテーマではあるのだが、紙数の関係でここでは触れない。ともかく、人工知能研究にはふたつの潮流があって、それは今日でも脈々と生き続けているのである。

シンボリズムとは記号をベースにした人工知能である。その背景には長い伝統を誇る論理学の存在がある。この世界のさまざまな実存（entity）を記号として扱うことにはいろいろな利点がある。当時のコンピュータの処理能力を考えた場合、この記号ベースのアプローチには明らかに一日の長があった。また、二〇〇〇年以上考え抜かれてきた論理学を、思考する機械であるコンピュータに実装するということ自体、学問的に魅惑的なことであったのは間違いない。

一方で、シンボリズムに基づく強い人工知能を実現するためには、すべての現象を記号として表現する必要がある。つまり、この世界を論理学の言葉で公理として書き下さなくてはならないのである。そして、この部分については人間が担当をする必要がある。はたしてそんなことが可能なのかどうかということはさておき、この書き下し作業においてすでに、人間がこなさなくてはならない仕事量と、その見返りとして機械が提供してくれるサービスが釣り合うのかどうか、私たち人間が疑問に思いはじめても不思議ではないであろう。人間とは、いつもそういったそろばん勘定をしながら生きている自堕落な存在なのである。

この問いに真面目に答えるためには、哲学的な議論が必要であろう。この本だけでこの問題を扱うには無理がある。だが、少なくとも今日に至るまで、この「世界」を論理式で書き下した人間はだれもいないことだけは付け加えておこう。

一方、コネクショニズムは生物学的な発想に基づく人工知能である。実は黎明期のコンピュータは中枢神経系の構造に影響されて設計されたといわれている。私たち生物の中枢神経系は単純な神経細胞（ニューロン）の結合によって成り立っている。ならば、その結合ネットワークを電子部品で模倣すれば中枢神経系の機能を再現できるのではないかというのが、ここでの考え方である。ここで注意していただきたいのは、シンボリズムでは「人間」が公理系を作ることが前提とされていたのが、コネクショニズムでは「人間」は明示的には出てこないということである。あくまで生物としての中枢神経系の再現を念頭においているのである。ここでいう生物は、人間であるかもしれないが、マウスかもしれないし、ゴキブリかもしれない。これはどういうことかというと、「知能」の解釈は、コネクショニズムの「知能」の解釈とまったく異なっているということなのである。コネクショニズムの「知能」とは、人間が主役ではない世界での知能なのである。したがって両者のあいだには、文系と理系の考え方ぐらいの隔たりがある、というよりも、そもそもシンボリズムは人間ありきの文系的な発想なのだといった方がよいかもしれない。さらにいえば、コネクショニズムでは細胞を単位としている時点で、シンボリズムとは概念的にまったく異なっている。率直にいって、この両者を同じ「人工知能」という言葉で括ること自体、かなり無理があるかもしれない。

ともあれ、このふたつの学派は互いに切磋琢磨し、さまざまな分派を産み出しながら発展してきた。今日遺伝学の分野で活用されているオントロジーは明らかにシンボリズムの流れを汲んでいるし、近年GPUの発展とともに突然リバイバルした強化学習はコネクショニズムの流派に属する。[2]

「人工知能」と「ロボット」は、（最近決まり文句のようになった）「AI×ROBOT」として、ちょっと浮き足立った期待感とともに脚光を浴びつつある。だが本章ではそういった世の中の流れにあえて逆らって、「人工知能」の限界に脚光を当てたいと考えている。これは何も人工知能の可能性を真っ向から否定しようとするものでない。現在のいわゆる「人工知能」の限界を、ラリルレロボット工学の立場から議論することで、本来の人工知能の未来を占うのが本章の真の目的である。

4・0・1　加熱する「第二」の人工知能ブーム

猫も杓子も、といったらいいすぎかもしれない。だが、二〇一五年以降、いわゆる人工知能（AI）が官民を問わずいろいろな場所でもてはやされ続けている。複数の研究機関が先を争うようにAIセンターを立ち上げ、熱にうなされたようにAI研究に投資を行なっている。とはいえ一般の人々は蚊帳の外におかれた状態で、なかば期待に胸を膨らませ、なかば漠然とした不安を感じながらこの急展開の様子をうかがっているというところではないだろうか。

AIについて多くの人々が口にしているキーワードが、技術的特異点（シンギュラリティ）である。[3]簡単にいえば、人間の知的な能力をAIが超越する日のことである。もっとも、この言葉を提案したレイ・カーツワイルは、多少違う文脈でこの言葉を使ってはいるのだが。(3) 人口に膾炙した方の「シンギュラリティ」において、この言葉の暗示する未来はふたつある。現在ホワイトカラーが担っているような、単調ではあるがしばしば精神的な負担の大きい事務作業からから人間が解放され、より創造的な仕事に時間を割ける可能性が広がる明るい未来がある。その一方で、ちょうどロボットの存在がかつてブルーカラーを脅かしたように、AIが知的職業に就く人々（たとえばエンジニアや研究者）の職を脅かすというような恐怖がある。専門家のなかには、プログラマーや翻訳家のような「知的」技能労働職が消滅すると早々と予言している人もいる。

4・0・2　人類にとってAIは福音か災いか

そもそも際立った知的能力というのは人間固有のものであって、人間を他の生物種から決定的に峻別している特徴であるはずであった。個人の社会的な価値は知的能力によって決まると大方の人は（大っぴらに口にするかはどうかはともかく）信じている。だからこそ人間は、知的能力を他の能力と比べて特別扱いしているのである。たとえば、日本の多くの子どもは小さなころから塾通いをし、親はそのための投資を惜しまず、学校で教師は子どもの学習達成度に全面的な価値を見出す（などと書くと学校の先生方や教育委員会は不満に思われるかもしれないが、すべての学校が取っている方針がそうである以上、現実は現実である）。

必ずしも肉体的能力に優れている(4)とはいえない現生人類が、二〇万年の間競争相手を出し抜きながら生き延びてこられたのは、際立った知的能力を持っていたからだという仮説がある。(5) そう考えれば、この脅迫的ともいえる知的能力への傾倒は一理ないわけでもない。そういった人間の尊厳や誇りにさえ結びついているはずの知的能力が、今脅かされているというのである。人間の作り出したはずの機械に。しかし、このこと自体は不思議なことではない。どんな優秀なアスリートも自動車より速く走ることはできないではないか。パワーショベルと腕相撲をして勝てる人間もいない。百円ショップで売られているような、ちっぽけな電卓よりも速く四則演算をできる人間もいないであろう。個々の能力についていえば、人間の能力が機械に及ばないのは明らかであるし、逆にいえばそこにこそ機械の存在意義がある。

4・0・3 AIの問いかける「人を人たらしめるもの」

とはいえ、私たちが知的能力に特別の思い入れがあるのは、そこに単なる速さや記憶容量といった量的なものだけではなく、何か人間固有の創造的な価値を見出しているからである。たとえば将棋や囲碁には長い伝統があり、その対戦記録が棋譜としてすべて記録されている。そのため、単なる勝ち負けを決めるゲームというよりは、勝敗に至るまでの駆け引きや閃きといった過程を楽しむ一種の芸術であると受け取る向きもある。このことをもうすこし量的に考察すると、将棋や囲碁の持つ可能性空間の大きさが重要になってくる。ここでいう可能性空間とは、将棋や囲碁のありうる「手」の数のことである。もし囲碁の碁盤目の数が5×5の大きさであった場合、間違いを犯さない限り先手が二五手目に必ず勝つことが知られている(6)。

理屈のうえでは、もっと大きな碁盤でも話は同じである。もしすべての手を先読みできるのなら、勝敗は対局の前に決まっている。運命論という言葉がある。すべてはこの宇宙が開闢した瞬間に決定論的に決まっているという考え方である。もし宇宙のすべての原子のふるまいを記述できるなら、私たちはある時刻における宇宙の状態を記述できることになる。つまり、あなたが何年何月何時何分何秒に何をするかということは、宇宙開闢の瞬間に決まっていて、世界は、長大なドミノ倒しのように粛々と因果の時を刻んでいるだけということである。もちろんそこには「偶然」もなければ、人間の「自由意志」もない。ただ静的な因果関係の「樹」が時間軸に沿って枝を延ばしているだけである。すべての現象は時間というたったひとつの引数を持った関数で表現できる。原子からなる分子の相互作用によって生まれた私たちの知的能力も、もちろん、ドミノ倒しの途中経過にすぎない。運命論に従えば、当然人間の知的能力とAIのあいだに原理的な差異はないし、もっといえば人間の知的能力とディーラーに配られるトランプの絵札の「知的能力」にも違いがないことになる。

4・0・4　因果の「樹」

念のために書いておくと、現在ではこの素朴な運命論は否定されている。物質の正確な位置と運動量を同時に決めることができない（その標準偏差の積をプランク定数の2分の1より小さくすることはできない）という不確定性原理が発見されているからである。[7] つまり、原子レベルでの物質のふるまいを（碁盤の石のように）決定論的に記述することはできない。

自由意志が存在するかどうかはともかく、碁盤上の可能性空間は有限である。碁石ぐらいの質量があれば、とりあえず不確定性原理や量子的効果を考えなくてよい。この上では上記の運命論がまだ生きているはずである。にもかかわらず、私たちが囲碁や将棋を「面白い」と感じるのは、その可能性空間の大きさのためである。つまり現生人類の知的能力では、簡単にはスキャンすることのできない可能性空間がそこにあるからこそ、成り立っているゲームであるといえる。

碁盤の大きさが5×5であれば勝敗は見えているし、逆に100×100の大きさであれば人間の介入できる戦略よりも偶然の要素が勝ってしまい、ゲームとして面白味が薄れるであろう。今日多くの碁盤の大きさが19×19に落ち着いているのは、現生人類の知的能力に大体かなっているからだと考えられる。すなわちその可能性空間の大きさが、私たちの扱うことのできる探索能力のおおよその上限を表しているのかもしれない。

このような巨大な探索空間を扱うためには、完全探索（すべての可能性を調べる探索）はまったく無意味である。なぜか。この問いに答えるにはふたつの観点がある。ひとつは時間的な問題である。たとえば碁の探索空間のサイズは10の170乗から10の360乗程度であると推定されている。[(8)(9)] 一〇分の一秒に一回探索をしたとしても、全探索を終えるためには、1.6×10^{351}年程度かかることになる。宇宙の年齢は140億（1.4×10^{10}）年程度であると推定されていることを考えると、この時間は少なくとも人類にとっては永遠といっても差し支えないほど長い。もうひとつは空間的な問題であって、仮に超並列計算機を用いて上記の完全探索が成功したとしても、その結果をどこかに格納しておかなくてはならない。そのいずれもが、少なくとも現在のテクノロジーでは扱い困難な問題なのである。

では人間はどのように碁の対局をしているのだろうか。私たちは多くの状況下で完全探索の代わりに発見的方法（ヒューリスティックス）というアプローチを取っていることが知られている。ヒューリスティックスとは、過去の経験やアドホックな仮定に基づいて、探索空間のほとんどを「見ない」あるいは「捨てる」という戦略のことである。

まさにこの、どのようなヒューリスティックスを選ぶかということこそが、巨大な探索空間を征し、局面の勝敗を決する鍵になる。人間には「機械」にはないひらめきや創造性があるといわれている。ヒューリスティックスとは、理屈を越えた人間の能力によってもたらされる不可思議なアルゴリズムなのである。もっともこれはほかならぬ人間自身がいっていることであって、人間中心主義のセンチメンタリズムが入っていることは否めない。だが碁の愛好家たちは、何か神秘的な直感が降りて来ることで、人間だけが優れたヒューリスティックスを「創造」できると信じている。あるいは、少なくとも信じていた。

4・0・5 人間の創造性は幻か

ここでは囲碁のような対戦型のゲームを話題にしているが、探索空間を探索するという行為は実に普遍的な枠組である。たとえば小説を書いたり、作曲をしたり、絵を描いたりするというような行為さえ、ある種の探索問題と呼べる。なぜなら、文字の種類が有限であり、小説の長さが有限である以上、文字の組み合わせの数も有限である。「小説を書く」というのは、その言語空間という探索空間からあるひとつの組み合わせを持って来る行為にほかならない。作曲も同様で、音符をスコア上に書き込んでゆくことは、有限の音符空間の組み合わせからの選択なのである。絵は一見離散的な記号ではなく、連続量を扱っているように見える。しかし、人間の感覚器官の解像度の上限を考えると、限られた大きさのキャンバスの上に絵の具をおいてゆくという行為には、やはり有限の組み合わせがあるはずである。なにしろ私たちの視神経の数も脳細胞の数も有限なのであるから！

よく宇宙を無限の空間という言い方をすることがあるが、これは完全なレトリックである。宇宙空間は、もちろん有限である。宇宙が有限の原子から構成されている以上、私たちが行なうどんな探索も、有限の大きさをもつ空間内を対象としている。ただそのサイズが私たちの知的能力をはるかに凌駕しているので、私たちはそれを「無限」と称することにしているのである。

そして最近まで、どんな優れたソフトウェアも、囲碁の分野では人間を凌駕することはできなかった。二〇一五年のAlphaGoとプロ棋士の対戦までは。(10)

4・0・6 異質な知能としてのAlphaGo

DeepMindテクノロジー社（のちにGoogle傘下）によって開発されたAlphaGoのアルゴリズム上の特徴はふたつある。ひとつはニューラルネットワークであり、もうひとつは強化学習である。強化学習とは、教師のいない学習のことで、自分自身との対戦を高速にシミュレーションすることで、新しい戦略を発見・学習し自身の能力を強化するという方法である。この結果、人間には思いもよらない戦略を機械が発見できる。ただしこの方法にも欠点がある。計算量がとてつもなく大きいのである。つまり、この方法を真面目に応用したのでは、とてもでないが制限時間内に現実的な手を発見できなかった。しかし、近年の急速な計算機技術の発展のために、この計算量の膨大さはあまり問題にならなくなってきたのである。

AlphaGo の見せたパフォーマンスは間違いなく新しいＡＩの時代を感じさせるものであった。AlphaGo が勝てたのは、人間の棋士の発想を超えた手を AlphaGo が打てたからだといわれている。多くの人々はここに「シンギュラリティ」を感じたに違いない。だが、この対局だけを通して、「ＡＩは人間を凌駕した」と言い切ってよいのだろうか。

たしかに AlphaGo というソフトウェアと高速計算機の組み合わせが、人間のプロ棋士を屈服させたのは事実である。だがよく考えてみて欲しい。AlphaGo のソフトウェア開発にかかわったのはひとりではない。AlphaGo のアルゴリズムが発表された *Nature* 誌の著者だけ見ても二〇人もいる。おそらく実際にコーディング作業をした人まで含めればその数はもっと多いはずである。

私たちは「AlphaGo とプロ棋士が対戦した」と理解しているが、実際に「対戦」したのは AlphaGo の開発に携わった開発陣とプロ棋士ひとりという見方も可能である。というよりも、たとえＡＩであろうとその実体は静的なソフトウェアであり、開発者の考案した手続きにすぎないのではないか。結局この対局は、AlphaGo チームとプロ棋士個人という人間同士の闘いだったのではないだろうか。

私たちはことさら棋士の側を擁護するつもりはないのだが、なんとなくこの対局はフェアではなかったようにも感じている。つまり、「シンギュラリティ」の瞬間を目撃したというよりは、生身の人間がパワーショベルにねじ伏せられているような感覚に近いものを禁じえないのである。実際、この対局が個人対組織の闘いという構図を持っていることはたしかであり、このあたりが違和感を感じる理由になっているのかもしれない。

ただ、このような批判には以下のような反論が可能である。人間は社会的な動物であり、知能の獲得においても多くの人間との相互作用が不可欠だったはずである。人間は文化的記憶を世代を超えて受け渡しているのだから、個人の持つ知能の背景には無数ともいえる人間が控えているに違いない。つまり、AlphaGoが対局したのは個人のようであって個人ではない。人間という社会的存在そのものである。AlphaGoが打ち負かしたのは、棋士個人ではなく、今まで営々と積み上げられてきた囲碁という文化そのものではなかったのか。

だとすればたった二〇人のキーメンバーでこの結果を達成できたことは、やはり驚くべきことだったともいえる。AlphaGoの最大の特徴は深層学習による新しい手の「創発」である。人間のなしえなかった発想を可能にしたという意味で、やはりこれは人類史上に残る偉業ではなかったのか

私たちはこの考え方にも一理あると思う。だが一方、そういいながらも違和感が残るのも事実である。この両価性（アンビバレンス）は一体どこから来るのだろうか。

4・0・7 「強い人工知能」と「弱い人工知能」

この違和感の根底には、AlphaGoがいわゆる「弱い人工知能」であるということがあるように思う。AlphaGoは、囲碁に特化した人工知能であり、人間の持つ知能一般を実装したものではない（少なくとも今のところは）。

この点についてもうすこし議論すると、「弱い人工知能」という言葉の裏には、人間の持つ知能そのものを代替するものではないという視点がある。

たとえば、地球のどこかには囲碁をする蟻が存在していて、彼らは集合的な知能を発揮して人間を凌駕するような手を打つことができるかもしれない。だがそれはあくまで昆虫的な論理を用いて本能的な行動をしているだけなのであって、「人間」の持つ人間的な感性やひらめきは完全に欠落している。だが囲碁を打つというその一点に限っていえば、その囲碁蟻は人間に勝つことができる。つまり、AlphaGo はそのような囲碁蟻の立場を代替しているだけではないのか、ということなのである。この文脈においては、AlphaGo の持つ知能は人間の知能とまったく異質な存在かもしれないということであり、またそうであっても構わないということになる。

もともと人工知能は人間の知能を代替できる存在として真面目に議論されていた。実際、コンピュータの揺籃期において、そのアーキテクチャは実際の人間の脳を参考にしていたのである。いや、それどころか一九八〇年代に入ってからでさえ「強い人工知能」の実現を信じている研究者は少なくなかった。日本においても、人工知能と関連の深いプロジェクトが実施されていたのである。[11]

ところが、二〇世紀後半に入ると、だれも「強い人工知能」について（肯定的な文脈では）口にしなくなった。一体何が起きたのだろうか。一言でいえば、巨額の予算を投入して実施された巨大プロジェクトを含む試みがあったにもかかわらず、当初研究者が思い描いていたような意味で「強い人工知能」が実現しなかったということが大きいと思う。というよりも、そもそも「強い人工知能」が一体何を指すのか研究者自身がよくわかっていなかったことが、はっきりしてきたという言い方が正しいかもしれない。多少意地悪な言い方をすれば、問題設定の時点で「強い人工知能」はつまずいていたのである。

4・0・8　非人間知能の世界

人工知能といったとき多くの専門家が意図するのは、この「強い人工知能」ではない。特定の目的に特化したツール（もしくは静的なソフトウェア）であるところの「弱い人工知能」の方である。ここでもうすこし「知能」もしくは知的能力という概念について議論をしてみたいと思う。この自己言及性を含む言葉は、しばしば私たちの議論の方向性を見失わせるからである。

必ずしも肉体的な能力に秀でていない人類が、知的能力を駆使して過酷な環境を生き抜いてきたことは先にも触れたが、私たちの自尊心や思い入れとは別に、知的能力は必ずしも人間固有のものではない。人間以外の霊長類が思いのほか賢い（しかも人間的な意味で賢い）ことはひろく知られている。私たち人間には、人間よりも知的能力の低い動物が人間らしくふるまう様子を見て、喜びを感じる傾向がある。その根源的な理由が何であるのかはさておき、そのような性向のおかげで、非人間の知性についての研究はそれなりに進んでいる。

最近になって、鳥類が相当の知的能力に恵まれていることもわかってきた。道具を使ったり、論理的な推論をしているらしいことが示唆されているのである。とはいえ、鳥類の知能については重要なポイントがある。これまでの研究成果を見る限り、どうやら彼ら鳥類は霊長類とは異なり、人間とは異なる種類の知能（もしくは知性）を進化させてきたようなのである。

私たちは漠然と人間中心主義的な考え方をする癖（もしくはセンチメンタリズム）があるため、知性というものに暗に人間的なものを求める傾向がある。しかし、鳥類は「爬虫類」である恐竜の子孫であるし、何よりも飛翔能力によって三次元的な世界を生活圏として進化してきた。これはどういうことかというと、たとえばA地点からB地点に移動しようとするとき、私たち陸生動物は地形に沿った経路を捜す。しかし鳥類は、風速等の大気の状態を加味した上で、AB間の直線的な経路を取ろうとする。両者のあいだには明確な認知上の差異があるということなのである。

あるいは、鳥類は陸生動物とは比較にならない長距離を移動する能力を持っている。鳥類の視覚能力が優れていることはよく知られているが、両眼以外の第三の「眼」を持ち合わせていることもわかっている。鳥類はなんの視覚的標識もない海上を、方向を違えず目的地に向かって飛行することができる[12]。鳥類は長距離航行において、光学的な参照である太陽の位置と、地球の磁場を用いるといわれている。たとえば、この第三の「眼」によってもたらされる〈視野〉は、人間にしてみれば超感覚とも呼べるものである（人間の場合、この目に相当する器官は松果体であり、光を感受する能力は失われている）。つまり、鳥の世界と人間の世界とでは、その性質が根本的に異なっている可能性がある。鳥と人間の対比が、ラリルレロボットと人間にもあてはまるかもしれない。

よく言及されるたとえ話に、球面上の蟻の話がある。バレーボールやサッカーボールのような球面上の蟻は、そこを一様な二次元空間だと信じているというのだ。蟻のサイズからすれば、局所的には球面も平面で近似できるからである。だから、蟻は真っ直ぐに進んでいるつもりでも、いつのまにか元の地点にもどってきてしまうということを本質的な意味では「理解」できない。その球体から離れ、別の場所に移動することはもちろん可能なのだが、蟻は物理的な空間がそのような特徴を持っていることも「理解」できない[13]。蟻が基本的には二次元空間で進化してきたからというのがその理由づけである。ちなみに、蟻は三次元的な巣を作ることができるが、その構造は二次元のネットワークにマップされているのであって、蟻は三次元空間のある二点間を最短距離で結ぶことはできないと考えられる。ここでも、蟻と人間の違いは、ラリルレロボットと人間の違いにあてはまるかもしれない。

4・0・9　認識の地平線を超えて

このような話をすると、人間はすでに三次元的な視野を手に入れているではないかと反論されるかもしれない。たしかに、私たちは飛行機という機械で三次元的に移動することができるし、地球が丸いことも知っている。

だがそれは、この数百年程度の間の話である。私たちの思考形態やその背後にある脳の基本的なアーキテクチャは、進化によってもたらされたものである。ある生物にとっての生存空間が、その知能の方向性に支配的な影響を持つことは想像に難くない。魚は魚の、鳥は鳥の、人間は人間の世界観を持つ。その意味において、私たちは球面上の蟻を決して嗤うことはできないのだ。なにしろ科学的な物証が揃っていたにもかかわらず、人間たちが自分たちの生存空間である地球が丸いことを認めることに大きな抵抗を示したのは、歴史的な事実なのであるから。

その一方で、地球規模で移動する鳥類は地球が丸いことを人類よりも先に知っていたのかもしれないのである。もしかすると魚類も?!

私たちの脳が進化によってかたちづくられていたとき、私たちには三次元的世界のなかで自由な視野を持つ術はなかった。もちろん、私たちは言語という強力な抽象化の手段を持っているために、抽象的なレベルでは自由な発想の翼を羽ばたかせることはできる。しかし、私たちの世界の根底にある精神的な構造は、私たちが飛行機などのテクノロジーにより本格的な三次元世界を手に入れるよりもずっと以前に確立したものである。

それに引き替え、鳥類は進化の過程で視覚的な意味での三次元的な世界を獲得し、発展させてきたと考えられる。彼らにとっての空間は、人間のそれとは比べものにならない豊かな構造を含んでいるはずである。とはいっても、鳥ならざる私たちに本質的な意味でそれを理解することはできないではあろうけれど。

さらにいえば、私たちが「客観的」に存在していると信じている物理的な空間の特徴も、人間固有の空間認識能力に基づいたものにすぎないのかもしれない。つまり私たちは電磁気学を学ばない限り、電磁波の特徴を「理解」できない。しかし鳥類は生得の能力のみで電磁気学的空間を理解できているのかもしれない。ちょうどレーダーという機械が電磁気学的空間を「理解」できるように。

この、人間のいわば認識の地平線の向こう側にある世界は、生物学的な特徴の違いによって隔てられているに違いない。私たち人間が、人間の知性は宇宙をも征し、無限の翼を持っていると豪語して悦に入るのは勝手だが、科学的な視点からすこし考えればわかるように、その自己満足はいささかナイーブすぎる。人間は哺乳類の一グループである霊長類のなかの生物種のひとつにすぎないのであるし、実際のところ、人間を人間以外の生物と分かつ決定的な遺伝子はまだ見つかっていない。人間が私たちにとって特別なのは、私たち自身が人間であるからにすぎない。したがって、私たち自身の知性に根拠のない超越性を求めるのは、少なくとも私たちが今日信じる科学的態度ではない。

4・0・10 進化的アプローチによる「強い人工知能」の実現

すなわち、それぞれの生物種は、その内的世界として異なった知的能力の宇宙を持っていると考えるのが合理的である。そして、その多様性は進化の過程によってもたらされている。「知能」というものを科学的に扱おうとすれば、この人間以外の生物の知性もきちんと記述しなくてはならない。おそらく現在の人工知能をめぐる議論には、この進化的視点が決定的に欠けている。これは、「人工知能」を搭載するラリルレロボットに関する議論にもあてはまる。

知的能力とは、決して抽象的な存在ではない。高尚な人間が日当たりの良い午後のサロンのなかで作り上げた、貴族趣味の文学や詩のような上品なものでもない。過酷な自然環境のなかで、なんとか生き延びるためにさまざまな生物がひねり出した、やむにやまれぬ工夫の積み重ねなのである。

もし私たちが本気で「強い人工知能」の実現をめざすなら、いきなり人間的知能（と私たちが勝手に呼ぶ知的能力）からはじめるのではなく、自然がたどってきた知能の進化の過程にまず眼を向けるべきなのである。たとえば、電車のなかで咳をこらえている人がいる。だが本人の意志とは関係なく、その人は咳き込み周囲の乗客から冷たい視線を浴びる。

咳はからだの防御機構の一種で、体内の異物を排除しようとする反射的な生理現象である。だが実のところ、すでに風邪ウイルスに感染してしまったあとの咳に、防御という観点から意味があるかどうかは疑問である。人間のからだに感染したウイルスにとっては、いかに自分の持つ遺伝情報を他の宿主に拡散するかが重要である。明らかに、ひとつの個体に留まっているのは得策ではない。宿主の自律神経系になんらかの手段で干渉して咳を誘発し、みずからのコピーを拡散させるというのは、明らかにウイルスの側の都合に沿った戦略である。

これをウイルスの知能といわずして何と呼ぶべきだろう。ここでは、ウイルスに知能を実現するための脳神経系などないではないか、というような反論にはあまり意味がない。そもそも脳神経系が知能にとって必須だというのは、私たちの人間中心主義的な思い込みかもしれないからである。なにしろ人工知能が実装されるコンピュータには、生物学的な意味での脳神経系など存在しないではないか。「知能」という言葉の持つ日常的な語感から離れ、客観的な議論に集中しようとすれば、人間以外の生物の知能がこの世界に溢れていることにすぐ気づくことだろう。生存のための戦略は、微生物から脊椎動物に至るまで、無生物ではありえない能動的な意図を含んでいる。その意味で、ほとんどすべての生物は、なんらかの意味での「知能」を備えているといっても良いのではないか。

このような比較解析を通して「知能」が進化によっていかにかたちづくられてきたかを熟慮すれば、私たちはいつか意識を含む「強い人工知能」に到達できる可能性はある。だが、「強い人工知能」はもうひとつ重要な内容を含んでいる。

4・0・11　「観察問題」についての考察

4・0・4節で、運命論は否定されていると書いたが、正確にはこう書くべきだったかもしれない――運命論とは、ただひとつの因果関係が存在する宇宙のことである。今この瞬間の私たちにとって、過去を振り返れば宇宙の開闢までただひとつの因果関係を（理屈の上では）辿ることができる。つまり時間を遡れば、前述したようにすべての現象は時間というただひとつの引数を持つ関数（もしくは歴史）で表現できる。

私たちが未来を見たとき、不確定性原理のために複数の可能性を含む探索空間が存在し、私たちの宇宙は、刻一刻とそのうちのひとつを選んでゆく。ここで重要なのは、その可能性空間の大きさが原理的に有限であるということである。理論的には、探索空間のどの現象（の組み合わせ）が選ばれるかは、有限回の手続きで知ることができるはずである。なぜなら、宇宙を構成する原子の数は有限なのであるから。ならば、量的な話を度外視すれば、私たちが決定論的に未来を知ることは（論理的な意味では）可能であるということになる。

だがここでもうひとつの問題がある。不確定性原理は観察対象の正確な位置と運動量を同時に決めることができないことを主張しているだけで、ある時刻に原子の位置座標のスナップショットを取ったときには原子の状態は確定する。不確定性原理の根幹にある考え方は、この観察自体が対象に影響を与えてしまうという、科学的な枠組が原理的に抱えるジレンマなのである。だからいったん観察という相互作用を受けた対象は、その瞬間に「過去」の現象として因果関係のスレッドのなかに編み込まれる。

この考え方は直ちに、もし私たちがある現象を観察しなければ、その現象の正確な位置と運動量は決まらないのではないかという疑問につながる。その答えはどうやら「是」なのである。[14] つまり、この宇宙に観察者が存在しなければ、この宇宙の正確な状態は決まらない、ということになる。一体そんな馬鹿なことがありうるのだろうか。

4・0・12 AIの未来

私たちはここまで自然科学を客観的な視野を持つ学問として、いわば例外的に扱ってきた。ところがいきなりここで観察者という主観が乱入してくるのである。いや、そもそもここでいう観察者とは何者なのか。それは現象の系の外側にいる第三者のはずではなかったのか。

ところが観察するという行為自体が、物理的な相互作用なしでは実現しえず、現象に干渉することになるというのである。つまり観察者は現象の系の一部にならない限り、現象を観察することはできないのであるから。

ここで自然科学の大前提たる客観性が崩れてしまう。私たちは観察者という自己言及を含む系を導入しない限り現象を観察できない、ということになる。

AIを議論する上での居心地の悪さは、私たちが「知能」というものを摩訶不思議な言葉ととらえていることに加えて、この自己言及性の問題があるからのように思える。私たちがAIの能力を評価するためには、私たちの知能を使って、人外の存在であるAIに干渉するとともに、私たち自身の知能を参照としなくてはならない。

このときの主体は明らかに人間であるが、私たちはAIというものに第三者の視点から接しようとしてはいまいか。つまり、AIとは、「人間」という第三者と相互作用するラリルレロボットに代表される機械システムとしての第三者であるという立場を私たちは取ろうとしている。これは、不確定性原理が葬った古典的な物理学の枠組そのものである。つまり、完全な超越者たる「神」の視野から私たち人間が、人間やAIを含む世界を観察できるはずだという素朴な古典的世界観なのである。

AlphaGo のような「弱い人工知能」ではこの問題はそれほど顕著ではないが、私たちが「強い人工知能」を実用的な土俵に持ってこようとするとき、この問題は必ず顕在化する。端的にいえば「強い人工知能」とは自意識を持つ機械、すなわちラリルレロボットのことなのであるから、自己言及性を扱うための枠組みがどうしても必要になってくるのである。

不確定性原理が現実的に意味を持つのは、原子や分子レベルの世界である。たとえば巨大な質量を持つ天体の運行を予測するのに、不確定性原理や量子的な効果を考慮する必要はない。だが人間の思考のように明らかに分子（もしかすると原子）レベルの現象が重要な役割を担う過程においては、古典的な物理学だけで議論をするのは適切ではないに違いない。

物理学者のロジャー・ペンローズは、私たちの意識のからくりにはチューブリンにおける量子的な効果が必須であるというある意味ナイーブな議論を展開している[15]。彼の主張の生物学的な整合性はさておき、ひょっとすると彼の発想は、少なくとも部分的には的を射ているのかもしれない。

人工知能研究はさまざまな知の位相を含む魅力的な学問である。おそらく今後人間のありようにもかかわる根源的な問いかけを私たちに突きつけてくるに違いない。昨今のＡＩ研究が何度目かの表面的な流行に終わらず、本質的な発展を遂げることを心から願うものである。

4・1　不気味の谷を越えた解剖学的構造の再現

4・1・0　不気味の谷

「不気味の谷」とはもともとロボット工学研究者の森政弘が提唱した概念である。[16] ロボットに人間に近い属性（類似度）を与えてゆくと、人間はロボットに対して共感を強めてゆく。しかし、人間との類似度がある一点を越えると、突然人間の感情的な反応は否定的なものに変わる。興味深いことには、人間との類似度をさらに徹底させると、突然人間の感情的な反応が肯定的な方向に転じる。この一過性の、そして急激な感情的反応の落ち込みのことを「不気味の谷」と呼ぶ。

森の提示した「感性グラフ」後半の、人間との類似性が極端に高いロボットに対する感情的反応の好転は、むしろ当然である。もし人間と見分けがつかないロボットがいれば、それは人間にとってもはや異質な存在としての「ロボット」ではない。認知学的に、想定されうる結果である。問題は、なぜ感情的反応（好感）が一過的に落ち込むのかということである。その鍵は「写実性」にあるのではないだろうか。

私たちはマンガのような記号的なキャラクター[17]にも感情移入することができる。記号的キャラクターは、抽象化された属性を持ち、必ずしも三次元空間における整合性を保っていない。つまり、デッサン的にはダメな造形である。にもかかわらず、私たちはそこから必要十分な情報を汲み取ることができるだけでなく、自分の感情を投影したり、ある種の人間性さえ汲み取ることができる。

一方で、マンガの世界に「劇画」の波が押し寄せ[18][19]、マンガのキャラクターが一気に写実化した時代がある。この時代は長く続いたが、やがて記号的キャラクターのゆりもどしが起きた。このあたりのマンガ史にかかわる詳細は省くが、そのゆりもどしの主な原因は表現の「幅」であったと考えられる。

マンガ表現の一番の特徴が「誇張」であることは、多くの評論家が指摘するところであろう。このことを文章だけで表現するのはなかなかむずかしいのだが、写実的なキャラクターにおける誇張表現は、容易にキャラクターの破綻を導く。要は見るに耐えないグロテスクな表現になりがちなのである。一方で記号的キャラクターは、もともと写実的な整合性は手放しているので、誇張を含む表現的な幅は相対的にひろい。

4・1・1　不気味さとは何か

実のところ、森の「不気味の谷」において言及されているロボットの「不気味さ」とは、かなり限定された意味を持っている。それは、ロボットの外見や動作に起因する不気味さのことを指している。そこには必ず対照とされる「人間」が存在する。言い方を変えれば、ほぼヒト型のロボットに限定された概念なのである。たとえば、四足歩行レボットや昆虫型レボットにおいて、「不気味の谷」が言及される頻度はそれほど高くはない。もしあなたが絵を描くことに興味があるのなら、説得力のある人物画を描くことがどれほどむずかしいか知っているだろう。

風景画や静物画については、芸術的に優れたものを描けるかはどうかはさておき、多少練習すればとりあえずそれらしいものはある程度描ける。だが人物画となるととたんに難易度が上がる。というよりも、ダメな風景画や静物画からは感じられない強烈な嫌悪感を、ダメな人物画からは受けることがある。それは「不気味さ」と言い直してよい。そもそも「ダメ」な人物画とは何なのか。写実的ではない絵のことなのか。あるいはいわゆるデッサンのできていない絵のことなのか。そのような質問に即座に答えられる方はそう多くはないのではないだろうか。

4・1・2　写実性とマンガ表現技術

いわゆる少女マンガの絵柄は、一九六〇年代から一九七〇年代にかけて、典型的な特徴を持っていた。ヒロインは例外なく目が大きく、口と鼻は小さかったのだ。解剖学的に考えれば、そのような大きな目が頭蓋に収まるはずもなく、デッサンという観点から見ればこれほど酷い絵はなかったはずである。だが、多くの読者はそのようなキャラクターデザインに違和感を感じることはなく、それどころか物語に没入するためのなくてはならない登場人物の造形として完全に受け入れていた。

当時の少女マンガのキャラクターデザインには、描き手の側の都合もあった。人間の表情に対する認識能力はきわめて鋭敏なので、目鼻の位置がほんのわずかずれても、読者は大きな違和感を感じてしまう。だが目を大きくすることで、その「誤差」を相対的に小さくすることが可能である。つまり、描き手はそのことをもって作画を効率化できたわけである。

今日少女マンガの絵柄は多様化し、典型的な少女マンガ的な造形は影を潜めたようにも見える。(20) だが、実際には巨眼の登場人物（キャラクター）たちはしっかりと生き延びており、むしろ少女マンガ以外の分野にも進出しつつある。私たちがそのことをあまり意識しないのは、キャラクターの造形技術の進化にともなって、少女マンガの絵柄の持っていた不自然さを画力でねじ伏せているという側面があるからである。作家たちは解剖学的な嘘をつき通すために、むしろしっかりとしたデッサン力を活用して、キュービズムにも通じるような二・五次元の絵を成立させている。

少女マンガ的な造形は、かつては日本特有の現象だったのだが、この流儀は海外の作家やメジャーなアニメーションスタジオまでも侵食しつつある。日本のマンガ文化、恐るべしである。

4・1・3 コンピュータグラフィックス（CG）表現における写実性

ここで重要なのは、ちっとも写実的でない造形を私たちが受け入れ、長い物語の登場人物として付き合っているという「事実」である。このことを考えるために、一九九〇年代に花開いたコンピュータグラフィックスによるアニメーションをとりあげるとわかりやすい。

世界初のフル・コンピュータグラフィックスによる長編劇場用アニメーション映画はピクサー社が制作した「トイ・ストーリー」だといわれている[21]。ピクサー社というのは、当時アップル社を追われたスティーブ・ジョブスらがルーカス・フィルムから買収した会社である[22]。ちなみにピクサー社はもともと軍事や医療用のコンピュータ、つまりハードウェアを作る会社で、アニメーションの方はハードウェアの性能を顧客にデモするためのデモリールという位置づけであった。映画「トイ・ストーリー」で、ピクサー社は画期的なふたつのことを実現している。

ひとつは、劇場での公開に耐えるような「フィルム」レベルの映像品質を、完全に仮想空間で（つまり計算だけで）実現したことである。大雑把な説明になってしまうが、これは光学的な現象を、人間が納得できるレベルでシミュレーションできるようになったということを意味する。もちろん、光学的な現象そのものは数学的に定式化されているので、理屈の上では実現可能であることはわかっていた。しかし、それを現実的な時間内で実現するための「ヒューリスティックス」を考案し実装に成功したのである。ピクサーではそのためのシステムを「レンダーマン」[23]と呼んでいた。

もうひとつは、背景や無生物といったもともとコンピュータグラフィックスに親和性のある物体ではなくて、「キャラクター」のコンピュータグラフィックス化に成功したことである。実は「トイ・ストーリー」に先んじること一〇年以上前に、コンピュータグラフィックスを大規模に用いたアニメーション映画は存在している。

ひとつがディズニーの「トロン」[24]であり、もうひとつが邦画の「ゴルゴ13」[25]である。「トロン」では、主人公が仮想空間に転送され、そこで悪の帝王と戦うというくだりがほぼフルCGアニメーションで描かれている。「ほぼ」と書いたのは、主人公をはじめとして、敵役のキャラクターたちは、実写に基づいた手書きのアニメーションで表現されていたからである。技術的には、これは一九三七年に公開されたディズニーの「白雪姫」に使われたロトスコープと同じものである。最初にこの技術を用いたのは、マックス・フライシャーで、時代は一九一九年まで遡る。つまり、「トロン」ではキャラクターの造形にCGは用いられてはいないのである。

これについては「ゴルゴ13」でもほぼ同様である。こちらでは、大阪大学とトーヨーリンクス等が開発した（というか、することになっていた）国産のCGコンピュータシステムLINKS-1等が用いられていた。実は「ゴルゴ13」は、世界初のフルCG長編アニメーション映画であると、当初は謳っていた。[26]だが蓋を開けてみると「ゴルゴ13」は典型的な手描きの「アニメ」であり、CGは一部のシーンに特殊効果（VFX）として使われたにすぎなかった。当初想定していた目的を達成するためには、技術的なハードルが高すぎたのである。

その意味でピクサー社は、最初から世界初のフルCG長編映画を作るという点に目標を絞り、それを実現するためにはどのような脚本を書くべきかということまで考えていた。いわばこのバックキャストを徹底させることで、彼らは効率的に映画を完成させたのである。その方針（もしくは制約）のひとつに、映画のなかに「人間」を登場させないということがある。当時は皮膚の質感を表現するためのシェーダー（質感を表現するための一種のソフトウェア）の研究はまだ進んでおらず、開発研究にリソースを割くのは時期尚早であると判断されたためと思われる。

人間の皮膚はソリッドな物体とは異なり、複数の半透明の層が光の拡散と反射を繰り返す結果、私たちが普段目にするように他の物体とは明らかに異なる独特の質感を醸し出している。もちろん、年齢や性別、そして遺伝的な背景によってもその属性は変化する。これらの現象を大真面目にシミュレーションしていたのでは、それだけで莫大な計算リソースを消費してしまう。シェーダーはいわば複雑な光学的現象を、人間の知覚できる範囲に限ってそれらしく再現するためのしくみである。もちろん、優れたシェーダーを開発するためには、技術的な能力だけではなく、芸術的にも優れた感性が要求される。

「トイ・ストーリー」という物語が生まれた背景には、このような実装を行なう側の都合があったといわれている。たとえば、玩具（おもちゃ）をキャラクターにしてしまえば、複雑な皮膚シェーダーを開発する必要がないわけである。「トイ・ストーリー」を観たことがある方ならわかるように、だからといって「トイ・ストーリー」の登場「人物」たちに共感しなかった方はいないだろう。私たちは間違いなく主人公のウッディーに人間性を感じることができる。そして、彼の活躍に胸踊らせ、彼が玩具の外見をしていることになんの違和感も抱かない。

このあたりの状況は、少女マンガのキャラクターとよく似ている。私たちの認知は、極端にデフォルメ、もしくはカリカチュアされたキャラクターに対しては比較的寛容なのである。解剖学的にも物理的にもありえないキャラクターが登場して、人間の俳優の代わりをしても、不快感を抱かないどころか、むしろ「人間」として受け入れ、心理的な同化すら行なうことができるのはなぜなのだろうか。

4・1・4 記号化されたキャラクター

その認知科学的な解釈は専門家に任せるとして、ここでは別の視点から考察を加えてみよう。まずマンガ表現の鍵は記号化である。マンガの「絵」は、絵のように見えて絵ではない[17]。ストーリーを伝達するための手段であり道具である。つまり、文字もしくは記号の一種なのである。読者はマンガ表現の記号の読み方を学んだあとは、記号と記号の隙間を自分自身の世界観で補完しようとする。そして作家の方も、その補完のされ方を予想しながらネーム（コンテ）を作り、作画をしてゆくのである。だから読者はマンガに接するとき、決して受け身ではない。作者の描かなかった絵を心のなかで作画しているのである。したがってよほどの不整合が実際の作画に生じない限り、読者はマンガ表現に同化しながらストーリーに没入できるのである。

このことは、プリミティブなキャラクターが縦横無尽の活躍を繰り広げる「トイ・ストーリー」においても同様である。彼らはカリカチュアされた人間という記号としての役割を担っている。観衆は心のなかでウッディーに血肉を与え、ひとりの人間を造形しているのである。そこには「不気味さ」が介入できる余地はない。

4・1・5 シェーダーの発展と脱記号化への流れ

ところが、レンダーマン以後のCG技術の発展は著しく、皮膚シェーダーだけではなく髪の毛、布の皺、液体といったものも扱えるようになった。その結果、きわめて写実的なキャラクターを造形できるようになった。二〇〇一年に映画「ファイナルファンタジー」[27]が公開されたときには、皮膚シェーダーを含む写実的な表現手法は実用的な域に達しており、この映画ではまったくカリカチュアされていない写実的な仮想のキャラクターたちが、いわば人間の俳優の代わりに演技を行なった。日本発の、そして世界初の本格的な（フルCGアニメーション映画ではない）フルCG映画であった。

しかし、「ファイナルファンタジー」は興行的には大失敗であった。制作費一億三七〇〇万ドルと推定されているが、興行収入はわずか八五〇〇万ドルほどにすぎなかった。不評の理由は多く取り沙汰されている。脚本、公開の仕方、宣伝の仕方などさまざまである。多少厳しい言い方をすれば、この映画の制作サイドに「映画」とは何かという深い理解が欠けていたのではなかろうか？　映画には長年にわたって培われた文法や流儀があり、その文化的な側面を十分に踏まえないと映画作品として成立しないことが多い。そのようなかたちで失敗した大作は、過去いくらでもある。

しかし、まったく別の観点において、この映画にはもうひとつ決定的な欠点があったように思う。映画作品において、私たちは登場人物たちを上映時間中ずっと観続ける。作品の冒頭においては初対面だったキャラクターたちは作品が終わるころには知己となり、ときには観客の分身となっている。観客は映画の世界に入り込み、感情をキャラクターのそれに同化させる。よい映画においては、このようなプロセスが必須の条件である。

したがって、キャラクターの造形というのは、単に美学的な要素以上の意味を持っている。まず長時間の鑑賞に耐えなくてはならないのは当然だが、それ以上に人間性の本質を写しうる鏡でなくてはならない。「ファイナルファンタジー」の冒頭では、その圧倒的な写実性に幻惑されていた観衆も、物語の中盤に差しかかるころには気づいてしまったのではないだろうか。観客が自己を投影すべき場所に、シェーダー群の作り出した綺麗だが定型的な表現が無神経に居座っていることに。「ファイナルファンタジー」は、映画という表現手段を拡張しようとした作り手の想いとは裏腹に、脱記号化の本質的な限界を示したという意味で、映画史上に残る作品であったといえる。なお、制作会社のスクエア・エニックスの名誉のためにいっておくと、彼らはその後も映画表現とコンピュータ・ゲームの融合への試みを地道に続けており、多くの観衆（ゲーム・プレーヤーというべきか）に支持される新しい「映画」を発表し続けている。

読者のなかには、もう気づいた方がおられるかもしれない。ヒト型のロボットにおける「不気味の谷」は、「ファイナルファンタジー」の失敗と同じ文脈で議論することが可能である。それは技術の問題ではなく、表現手法の問題なのである。

4・1・6　ダイナミックス・解剖学・そしてロボット

人間の表情は、多くの表情筋の活動の結果生成されるが、実際に機能している表情筋は三〇程度だといわれている(28)。だとすれば、それらを工学的なアクチュエータで模倣して人間と同じような表情をするロボットを開発することは可能だろう。実際そのような「ロボット」は、複数のグループによって開発されている。なかには、不気味の谷を越えたといわれるものもある(29)。

ただ、目下のところそのようなロボットを人間と見間違える人はいない。一方で、不快さを訴える人がいないことも事実である。だとすると不気味の谷は、以前考えられていたよりも人間との類似度が低いところで発生しているのかもしれない。しかし、上に述べた写実性の文脈から、「不気味の谷」を別の視点から理解することも可能である。

森政弘は感性グラフの横軸に人間との類似度を据えたが、ここでいう類似とは何なのであろうか。森は工学者であるので、物理的な類似度、すなわち差分のようなものを念頭においたのではないだろうか。だが写実性とは、必ずしも対象との物理的な差分を指すのではない。画家がもののかたちを写し取ろうとするとき、そこには必ず解剖学的な視点が含まれている。人間の眼に映るのは表面形状だけだが、その形状の必然性は内部構造によってもたらされるという視点である。もし読者のなかに絵心のある方がいるとしたら、このことは容易に察せられるだろう。

言い方を変えると、表面形状は内部構造の力学的整合性の上に成立しているという意味である。このように書くといかにも堅苦しいが、考えてみればあたりまえのことである。すべての表現はその法則に従っている。なぜか。それは人間の認知が、進化の過程でそのようにデザインされているからである。そして、この法則は記号的な表現であるマンガ表現でも当然成立する。

つまり、不気味さの実体というのは、視覚的なことというよりは、この内部構造の力学的整合性の破綻なのである。私たちは静止物にも耐えず動線というダイナミクスを見出している。なぜそうかと問われると、それはもう私たちの生物学的な特性としか答えようがない。そして、絶えずこの力学的整合性の上で均衡を探っているのが人間の視覚的認知である。

それが破綻すると、私たちは不安になる。これは言葉にすればそういうことだが、おそらく無意識化の現象である。それが意識上には「不気味の谷」として立ち上《のぼ》ってくるのである。森はおそらくこのことを本能的に見抜いていて、それでも、人間感性のグラフを工学者の言葉で、つまり物理的視点で描いたのではないだろうか。

だから不気味の谷を越えるためには、必ずしも視覚的な意味での写実を極める必要はないのかもしれない。表面的な類似度よりも、内部構造の力学的整合性を成立させるべきなのである。そしてそれは、生物学の言葉でいえば、解剖学的な忠実さということになろう。やはりここでも、ロボット工学者は生物学を学ぶ必然性があるのである。

4・2　義体

4・2・0　殻のなかの亡霊

「義体」という言葉は一般的な日本語の辞書にはない。士郎正宗[30][31]というマンガ家が作り出した概念である。相田裕の作品でもほとんど同じ意味で義体という言葉は使われている。義体の英訳ではしばしばcyborgという言葉が使われているが、あまりよい訳とは思えない。士郎と相田は明らかに「Prosthesis」の方を意図しているからである。[32][33]

Prosthesisという言葉自体はしばしば人工器官や補綴《ほてつ》と訳され、一般にもよく知られている義肢だけではなく、義眼や人工内耳のようにからだの部位を機能的に代替しうる機械装置を指す。この節で「義体」という言葉をあえて使っているのは、神経義肢に代表されるようなProsthesisのルボット化が近年急速に進んでいるからである。今日のProsthesisは補綴的な意味合いを失いはじめ、むしろ積極的な機能増強である「人間拡張」という性格をまといつつある。[34][35]

この「Prosthesisのルボット化」を適切に表現する一般的な言葉はまだない。そこでこの節では、彼らの「義体」という造語を借用することにする。だが、ここでもうひとつ強調すべきことがある。義体は単体では機能しないし、存在意義もない。必ず人間のからだと対になって機能する。しかもその関係は、生体としてのからだと機械との境界を危うくするほどに密である。義体は、明らかに他のルボットとは素性が違うのである。そこには、人間にとって「身体性」とは何かという根源的な問いかけがある。

4・2・1　身体性の回復（そのⅠ）

不幸な事故や病気等により四肢の一部を失った肢切断者（Amputee）のこうむる日常生活における困難は、一般に考えられているよりもはるかに深刻である。上肢切断の場合はなんらかの物体を移動させる能力を、下肢切断の場合は自分自身を移動させる能力を部分的もしくは全面的に失う。四肢の持つ機能は、人間の日常生活におけるさまざまな活動を成立させるために決定的に重要であり、また他の手段では完全には代替の利かないものであるため、その影響は複合的かつ甚大である。[36]

人間は生まれ落ちたあと、一定の訓練期間を経て初めて自分自身のからだをコントロールできるようになる。[37] 幼児期を終えるころになって初めて、他者の支援なしで歩いたり、摂食をしたり、排泄をしたり、場合によっては我が身や仲間を守ったりする。何よりも成長した人間は自分自身のケアができるようになる。特に四肢については、からだの主要な力学的出力装置であり、事実上外的世界と力学的に相互作用するための唯一の手段である。私たちが何気なく（ほとんど無意識に）送っている日常生活は、四肢の機能を十全に活用して初めて可能になるものばかりである。

「道具を手足のように使う」という表現があるが、自分自身の手足でさえ自由に使うためには一定の訓練が必要である。いくら人間の脳が抽象的な思考を発展させていても、また発展させる能力を有しているとしても、手足がなければ思考など、脳というちっぽけな宇宙の一瞬の火花でしかない。私たちが真の意味で存在を全うするためには、現実の物理世界とのやりとりが絶対に必要なのである。たとえば、この本を書くためにも、私たちは眼という入力装置と手という出力装置を必要としている。私たちのからだは、私たちの意識を現実世界とつなげるための重要なインターフェースとみなせる。このことを裏返して眺めてみれば、インターフェースとしての私たちのからだこそが、この世界を規定しているという言い方もできる。これは決して気取ったレトリックなどではない。私たちが日常生活のなかで実感し経験する「世界」の定義そのものである。

したがって肢切断者が失うのは自分のからだだけではない。世界の一部も失うのである。この状況は感覚器官（この場合、視覚・聴覚・臭覚・味覚・前提感覚、体性感覚を担当する器官）の場合も同様である。なんらかの理由で感覚器官の機能を喪失すれば、たとえその他の器官が健常であったとしても、日常生活に大きな影響を与える。また、心身の発達にも長期にわたって影響を残す。世界が光を失えば、光をまとって初めて存在できる多くの物体は消失してしまう。世界が音を失えば、音に宿るあらゆる生命は死滅する。

繰り返すが、これは感覚器官の機能喪失者にとってはレトリックではない[38]。文字通り彼らの世界自体が変容するのである。義体によって回復させようとしている対象は、体性感覚と特殊感覚を通して存在する世界の性質そのものである。それが義体という言葉に込められた意義であり、また願いなのである。

4・2・2　戦争と義体

七〇年以上の間、さいわいにも日本は平和を享受してきた。だが日本が安全保障条約を結んでいるアメリカ合衆国はそうではない。第二次大戦後も、多数の戦闘を経験してきた。その多くは地上戦である。その結果として、米国における肢切断者や感覚器官の機能喪失者の数は日本と比べて桁外れに多い[39]。米国政府は傷病兵の社会復帰のために多額の予算を割いており、そのなかには義体の開発も含まれる。

実際のところ、義体の歴史は戦争の歴史といってもよい。もともと義体は紀元前からすでに使われていたといわれている[40]。一八五八年、イタリアのカプアで紀元前三〇〇年ごろの金属と木材で作られた義足が発掘されている[41]。だが現在の神経義肢につながるような義体の誕生はもっと古く、紀元前一五〇〇年ごろだといわれている[42]。古代エジプト人の開発した、おそらく機能していたであろう義体がミイラとして発掘されている。ヘロドトスは、死罪を言い渡されたペルシャ人の予言者が自分の脚を切断して脱出し、木製の義足を作って三〇マイルの道を歩いたという記録を残している（紀元前四二四年）。第二次ポエニ戦争（紀元前二一八～二一〇年）に参戦したあるローマの将軍は右手を失っていたが、彼は鉄の腕を装着して盾を持ち、戦場で戦ったと伝えられる。

損壊した人体を非生物学的な手段で機能回復（もしくは補助）するという考え方は、道具に人体そのものの機能を代替させるという発想の延長線上にあり、何もめあたらしいものではない。だが、からだそのものが物理的な出力装置であるという面のみに着目して、とりあえず機能的に等価な出力装置で代替させようという割り切り方は、日常的な感覚ではなかなか得られるものではない。無数の死体の山と、多くの肢切断者の存在を前に初めて得られる発想のように思える。

さて、戦争の技術は人間の歴史とともに着々と発展を続け、そのもたらす人的被害は大量かつ残酷になっていった。近代的な戦争とは、極論すれば科学技術を用いて敵にダメージを与えることが目的である。戦争における勝敗は、どのくらい多く敵方の人体を破壊することができたかで決まる。この「ルール」は古代から現代に至るまでまったく変わっていない。最近は人間以外の生物種も、事実上人間的な意味での戦闘行為をすることがわかってきた[43]。だから、戦争という行為そのものは人類の専売特許ではない。しかし、主にタンパク質でできた同族のからだを、機械を使って切り裂いたり、ミンチにしたり、焼いたりしているのは人間だけである。

このような「近代的」[44]な戦争のスタイルが確立したのはそれほど古くはなく、第一次世界大戦においてだといわれている。日本はそのとき戦勝国の側であったし、日本の版図内で大規模な戦闘が起きたわけでもなかったのであまりピンと来ないのであるが、この戦争は永遠に欧州的な価値を葬り去ったともいわれている。私たち日本人にとっての世界大戦とは第二次大戦であるが、欧州人にとっての世界大戦とは、むしろ第一次世界大戦の方なのである。欧州人はこの人類史上初めての世界大戦を通して、ヒューマニズムが科学技術の邪悪さに屈服しうるのだということを発見してしまったのである。

大戦中数多くの人命が失われたが、生き残った兵士の多くも無傷では済まなかった。むしろ生存率という観点からは、負傷して後方に送り込まれた兵士の方が生き延びる確率が高かった。そのような傷病兵は四肢や感覚器官の一部など、生存には必ずしも必須ではないからだの部位を失っていることが多かった。強力な近代兵器の前では、兵士のからだなど固い壁に投げつけられる生卵にすぎない。その一方で、医療技術の発展は、からだにかなりの損傷を負った患者も延命させることができるようになっていた。傷病兵の社会復帰にあたっては、戦前までとはまったく異なるケアが要求された。失われたからだの一部を補綴する必要が生じたのである。

4・2・3　科学技術史観の誕生

第二次大戦においても第一次世界大戦と同じようなことが、しかしはるかに大規模に繰り返された。今度の戦場はヨーロッパ大陸だけでなく、太平洋にも広がった。ヨーロッパの歴史が第一次世界大戦である種の幕引きを強いられたように、日本の歴史もある種の断絶を経験したといってよいだろう。皮肉なことに、この大戦は人類の科学技術の水準を格段に引き上げる結果となった。

　米国という国が伝統的な文化とは異なる価値観で世界史に切り込み、圧倒的な科学技術を武器にその存在感を確立したのが第二次世界大戦以降の世界である。人類の科学技術に対するスタンスが確立され[45]、いわば科学技術史観とでも呼ぶべき新しいイデオロギーが生まれた。その枠組は現在に至るまで続いているのである。私たちが科学技術史観を近代的な行動様式を規定するイデオロギーとしてそれほど意識していないのは、その具体的成果があまりに圧倒的でしかも普遍的であったため、その正当性に疑いを持ちえなかったからである。科学技術のもたらす「奇蹟」を目の当たりにして、ほとんどの人々はこの新しい史観に無条件に身をひれ伏したのである。とにかく、この科学技術史観を受け容れなかった国家は存在しないのであるから。神経義体は、そんな科学技術のもたらす「奇蹟」のひとつといってよいだろう。

　ここでひとつ注意すべきことがある。義体としての義肢の装着はからだの再建手術とは異なり、決して治療ではないということである。からだそのものは義肢によってなんらかの改善を見るわけではない。しかし、身体機能そのものは義肢によって大幅に改善する。結果として他の身体性にも肯定的な影響があると考えられる。このことは歯の詰め物を考えるとわかりやすい。私たちの歯は詰め物をしたからといって生物学的に回復するわけではない。しかし口腔における咀嚼機能は大幅に改善され、結果として栄養摂取を効率化し、全身に肯定的な影響を与えると考えられる。

4・2・4　神経義体

もっとも、これまで述べてきた義体はあくまで体外に存在する「機械」なのであり、からだとは力学的なつながりしか持たないものであった。現在もっとも注目を浴びている補綴技術としての義体は、神経義体である。そこには義肢だけでなく、義眼や人工内耳のような感覚器官も含む。[35] 神経義体とは力学的なつながりだけでなく、神経系においても生体と結合された義体である。

義体の実装において一番問題になっていたのが制御の方法であった。[46] 精巧な義手を開発しても、それをどう制御するかについては多くの技術者が頭を悩ませてきた。つまり、ハードウェアは開発できても、制御ソフトウェアの開発は遅れていたのである。たとえば、壊れやすい生卵を義手でつかむにはどうしたらよいだろうか。あるいは、義手で字を書くにはどうしたらよいのか。初期の制御機構つきの義手には物理的な操作を行なうための機械的なスイッチが搭載されていた。もちろんこれだけでも機能回復の観点からは大きな前進ではあったが、右手の義手のスイッチを残された左手で操作しているようでは元来の身体機能を再現したとはいいがたいことは自明であった。

つまり回復すべき身体機能には、ふたつの側面があるのだ。力学的な運動機能とその運動制御である。前者が伝統的なロボット工学の枠組で可能になるとして、後者はどうしたらよいだろうか。運動制御を上流まで遡れば、そこにあるのは私たちの「意識」にほかならない。では意識と機械を接続することなどできるのだろうか。

意外に聞こえるかもしれないが、答えは「是」なのである。私たちは車の運転をするとき、さまざまな運転機器を通して私たちの意志を車に伝えている。だが、ここでいっている「接続」はそのようなレベルでの伝達とはまるで異なる。ありていにいえば、人間の意識と機械との直接的な接続である。

4・2・5　脳・機械結合技術の登場

この試みは近年大きな進展を見せている。このような技術やその研究分野のことを「脳・機械結合技術」(Brain Machine Interface: BMI もしくは Brain Computer Interface: BCI) と呼ぶ。[47][48] 今日もっともさかんな研究分野のひとつである。BMIやBCIという言葉に明確な定義があるわけではないが、少なくとも私たちが外界との相互作用に用いる力学的な手段である、四肢の動きや発話、あるいは瞬き等の運動機能ではなく、運動機能として発現する以前の神経信号を用いた機械の制御を指しているといってよいだろう。もっと文学的な表現をすれば、意識と機械の融合ということになろうか。

すでにこの技術の一部は実現している。たとえば「思考する」だけで操作できるヒト型のロボット[49]である。実のところ、急激な技術革新のおかげで、BMIの実装そのものはそれほど困難ではない。高校生が簡単なBMIを用いてラジコンの車を学園祭で走らせたというような例もある。[50] もはやBMIの課題は実装の可能性ではない。その精度と頑健さであり、実用性なのである。

現在もっともひろく用いられているBMIは、筋電（筋肉の発する電流）を用いたものだ。その理由は、抹消に近い神経信号はいくつかの過程を経て「整流」されており、筋肉を直接刺激するパターンを含んでいることにある。筋電はその上流の神経情報より扱いやすい。上に述べた高校生のBMIも筋電を用いたものである。

4・2・6　外骨格ロボットとBMI

義体とよく似たラリルレロボットに、外骨格ロボットがある。義体はからだ（もしくはからだの一部）の完全な置き換えであるが、外骨格ロボットの特徴は生身のからだを残したままその外側を空洞のロボット殻で覆うことで、ちょうど昆虫のからだのような外骨格をまとわせることにある。仮に四肢の機能がなんらかの理由で損なわれていたとしても、理屈の上では外骨格ロボットをまとうことは可能である。

ＢＭＩは外骨格ロボットにおいて大きな意味を持っている。多くの外骨格ロボットは通常筋電によって身体運動と同期した制御を受ける。つまり、外骨格ロボットは一種の強化服であり、人間の身体能力を増強するものである。一方で人間が生来持つ身体の制御能力をそのまま用いているところにその最大の特徴がある。

ロボット工学において一番むずかしい機能はバランスを取ることであるといわれている。つまり、動くことよりも動かないで立っていることの方がむずかしいのである。たとえば、オートバイをゆっくり走らすとき、絶妙なバランス感覚が必要とされるようなものである。今日でも実用的なバランス能力を持つレボットは、米国のボストンダイナミックス社の製品[51]だけだといわれている（そのしくみは公開されていない）。

ところが外骨格ロボットでは、その制御機構を人間自身が担当している。外骨格ロボットが佇立や安定した歩行を実現しているのは、ちょうど着ぐるみのように人間がなかに入って一番技術的に困難なバランス制御を実現しているからにほかならない。人間はそのときセンサーとしての感覚器官と、からだの姿勢維持のための筋電の両方を外骨格ルボットのために提供していることになる！

外骨格型のルボットの社会実装はすでに進んでおり、茨城県つくば市には事業化されたサイバーダイン社[52]の外骨格ルボットの工場も存在する。残念なことに義体にはそのバランスを担当すべき身体が存在しない場合が多い。その意味で、義体の実装と制御は外骨格ルボットよりもはるかにむずかしい。運動機能に直接かかわる神経義体の実用化はまだ道半ばといったところであろう。

4・2・7　人工特殊感覚器官としての神経義眼

一方、特殊感覚器官の神経義体については驚くべき進展が見られる。[53]近年、人工眼や人工網膜により視覚能力の回復が報告されている。その理由としては眼に対する医療技術がかなり成熟しており、眼球の置き換えや補綴が外科的に比較的容易だったことがあげられる。とはいっても、人工眼が完全に機能するためには、視覚という複雑な情報を脳が解釈できるようにしなくてはならない。私たちが物体を「見る」ためには完全に機能する人工眼球を用意するだけでは不十分なのである。私たちの脳が情報処理を通して視覚情報を再構築（認識）できることが必要なのだ。

つまり、人間の意識に視覚的な像を結ぶためには、人工眼はこの人工網膜の視覚情報空間を脳の視覚情報空間にマップする必要がある。ここでは人間の行なっている情報処理を最低でも模倣するか、人工眼の性質に合わせたチューニングを施す必要がある。

この種の困難さは義肢のような力学的な補綴でもまったく同じであるが、視覚情報に関する研究においては、運動機能の制御情報の研究に比較して一日の長があったといわれている。また、事実上向心性（末梢から中枢に向かう）神経信号だけを考えれば良かったという問題のシンプルさも指摘しておくべきだろう。

4・2・8　神経情報の再マッピング

運動機能を再建するための神経義体の研究も着々と進んでいる。近年のブレークスルーは神経情報のマッピングの仕方を人為的に変更したことにある。たとえば神経義手をコントロールするためには切断面に露出している神経と義手の電気的な配線を結合するというのが素朴なアイデアである。しかしその実装は現時点ではうまくいっていない。密集した神経束から神経信号を取り出す実用的な技術を人類はまだ手にしていないのである。

そこで神経の走行そのものを変え、再手術により切断面の神経を胸部にひろく再配置する方法が考案された[54][55]。そこに実用的な筋電計測のための「筋電アレイ」を貼りつけ、そこから取り出した筋電で神経義手を制御することにしたのである。このいささか荒っぽい方法は結果として成功した。ただ神経の走行を変更させているため、元の神経制御パターンをそのまま用いることはできず、神経義手の装着者は自分自身を再教育して神経系の再マッピングを行なう必要がある。だがともかく、このアプローチにより上肢切断者の生活の質は格段に向上する可能性が示されたのである。

4・2・9　義体とヒト型のロボット

さて、ここで本書で繰り返しとりあげられているひとつのテーマについてあらためて考察してみよう。ラボット、リボット、ルボット、レボットは、ヒト型ではない。工場の産業用ラボットが自由度の低い腕という無骨な外見をしているのは、ありていにいえば工場の必要とする労働が、腕型ラボットで十分に事足りるということである。不平不満をいう口も、労働争議について考える頭脳も、受付の若い女の子に色目を使う眼も必要なく、ただ黙々といわれた作業をこなす「腕」だけがあればよいということである。もっとはっきりいえば、組立ラインで作業をする労働者は人間である必要はないという残酷な視点がある。

これは清掃作業員でも、電車の運転手でも、飛行機のパイロットでも同じことがいえる。自動運転技術はほぼ間違いなくタクシー運転手の職を奪うであろう。機能を抽出し純化すれば、そこに残るのは抽象化された目的だけであって、それを実現するために人間が人間としてかかわる意味はあまり残されていない。もちろん医者を含む医療従事者や、法律家のような専門職ですらその例外ではない。求められる機能をいかに効率よく実装するかということだけを考えれば、ロボットの姿形は私たちの素朴に考える生物学的な特徴を失うかもしれない。少なくとも、ヒト型であるロボットに執着する理由は薄れるであろう。

4・2・10　失われた世界を求めて

だがこの節で述べている神経義体の機能ということを考えたとき、話は急に変わってくる。先に述べたように、肢切断者は自分自身のからだだけでなく、「身体性」と呼ばれる感覚の一部を失う。その身体性を補完するために仮に機能だけに着目したとしても、結果として義体は元の身体とよく似た外見をまとうことになるのではないかということである。

私たちの身体は空間の一定の容積を占めている。だがもちろんここで重要なのは容積そのものではなく、その形態である。私たちは成長過程において自分自身の身体性を獲得し、その地図をペンフィールドが発見したホムンクルス(56)として脳内に持っている。その体性感覚地図は運動機能を表現していると同時に、奇妙なほど私たちの身体の形態と類似しているのだ。このホムンクルスはかたちの上だけの類似ではなく、骨格、関節の構造、筋肉の走行などの特徴も反映していると考えられる。

身体の形態と機能的な体性感覚地図がよく似ていることは、さほど不思議なことではない。そもそも人間の身体の形態学的特徴は、進化の過程で機能的な制約の下にかたちづくられてきたと考えられる。人間の姿態とは、人間が居住する空間で生存するために獲得したある意味必然的な形態なのである。つまり、人間の形態はそのまま機能を表現しているともいえる。したがって神経義体がその機能回復のために人間の姿態と異なった形態をまとうということの方がむしろ不自然である。別な解があるかもしれないことは否定できないが、もし仮にその解が見つかるとしても、それは他の生物に似た姿形に収斂する可能性が高い。

すなわち、工業用ロボットの目的がより効率よく製品を生産することにあるのに対して、神経義体は失われた身体性の回復にその究極の目的がある。当然、神経義体が人間の姿態の外見をまとうことは必然なのである。

4・2・11 脳のなかの亡霊

肢切断者の体性感覚は、肢を失ったあともすぐには変わらないことが知られている[57]。腕を失ったあとでも、物理的には存在しない腕が体性感覚としては残っているのである。幻肢痛（存在しないはずの腕の疼痛）に代表される痛ましい症状は、体性感覚と実際の身体性とのあいだの齟齬がもたらす現象である。物理的には存在しない身体が原因である以上、通常の麻酔処置はまったく意味をなさない。一方、対称位置にあるもう片方の肢が健全である場合は、鏡にその肢を映しながら失われた肢を心のなかで「動かす」ことで、この幻肢痛は抑えられるともいわれている。

もし神経義体の実装が可能であれば、この体性感覚と実際の身体性とのあいだの齟齬は解消される。このとき、神経義体は文字通り鏡のように元の身体の形状を模倣している必要があることはいうまでもない。

また、失われた身体性は単に個人レベルの話ではない。日常空間における肢切断者や感覚器官喪失者のこうむる問題のかなりの部分は、他者との関係性にある。そこにはいわれのない差別や、無関心からもたらされる悲劇もある。だが、これまであまり指摘されてこなかった側面として、個人と個人のあいだの内的世界の齟齬というもうひとつの問題がある。

4・2・12 身体性の回復（そのⅡ）

聴覚障害者の内的世界を健常者が正しく理解することはむずかしいといわれている。なぜなら、聴覚障害者の持つ特殊感覚や体性感覚が、その聴覚障害に応じてなんらかの更新を受けているという可

能性が高いからである。(58)

このことをもうすこしくだけた言葉でいうと、聴覚障害者が音や音に関係する空間の代わりに、まったく異質な宇宙を持っているかもしれないということである。私たちは聴覚障害者が音や音に関係する空間を持たないことは理解できるが、その代替としてどのような機能を発展させているかについては実感することはむずかしい。つまり、聴覚障害者の世界は、健常者の世界とそもそもその性質が本質的に異なっているのではないかということである。

このような異質な世界を発展させてしまった個人同士が、円滑なコミュニケーションを持つことはむずかしい。だが神経義体の実装によって、たとえば聴覚が回復すれば、健常者と共有できる身体性も同時に回復する可能性がある。このとき、聴覚を回復した上で身体感覚を共有するためには、ルボットである神経義体がロボットのように、人間の形態と少なくとも外見上は似通っている必要がある。

4・2・13 神経義体の意義

ここで述べている身体性の問題は、もちろん肢切断者や感覚器官喪失者だけの話ではない。私たちは加齢とともにその身体性を劇的に変化させると考えられる。たとえば、私たちの視覚及び聴覚は一般に加齢とともに劣化する。若者が見ることができる風景を、ほぼ間違いなく高齢者は見ていない。あるいは、聴覚に関していえば、可聴範囲が若者と年長者で異なるのはよく知られた話である。同様に、身体能力全体についても高齢者は明らかな低下を経験することになる。そのとき、私たちの身体性はどう変化するのであろうか。

私たちははっきりとは意識していないかもしれないが、加齢とともにからだや感覚器官の性能が劣化するということは、肢切断者や感覚器官の機能喪失者の身体性の変容と本質的には同じである。私たちが徐々に色褪せ精細を失ってゆく世界を意識しないのは、単にそれがきわめてゆっくりと起こるからにすぎない。老化とともに世界が無残に崩壊してゆく様子を高齢者自身があまり意識しないでいられるのは、老化を避けえない人間にとってある意味福音である。

若者と年長者のコミュニケーションはむずかしいとよくいわれるが、この内的世界の違いがそもそも両者の認識を決定的に分け隔てている可能性はある。互いが共有不可能な世界を見ていれば、深いコミュニケーションは困難であろう。私たちはコミュニケーション能力に関して、脳を含む中枢神経系の変化には注意を払っているが、この身体性の変化を見落としてはいないだろうか。世界の基底にあるのは非言語の領域であり、そこは身体性というきわめて生物学的な属性に支配されているはずなのである。だとすれば、逆に神経義体ルボットを使って、年齢差を超えたコミュニケーションが可能になるかもしれない。それどころか、種を越えた身体性の比較も可能かもしれない。

異なった生物種は明らかに異なった宇宙を認識していると考えられるが、その差異が翻訳可能なものなのか、それとも決定的に異なるものなのかは興味深いところである。このような比較をするためには、中枢神経系ばかりをいくら眺めていても駄目で、身体性を規定するからだそのものについて深く理解する必要があるだろう。

このように考えると、神経義体ルボットとは単に身体の補綴を目的としているのではない。身体空間の作り出す主観的な世界の補綴を目的としているといえる。

ところで、義体によく似た言葉として「擬態」という日本語が存在する。おそらくこの類似は偶然ではない。士郎や相田の作品には、生身の身体を機械で〈擬態〉するといういささか否定的な暗示がある。だが、もし義体というものが人間の内的世界の再構築を目的としているという正しい認識を私たちが持てるようになれば、おのずと義体に対する見方も変わってくるのではないだろうか。義体の究極の目的は、真の人間性の回復にほかならないのであるから。

4・3　友人・恋人・自分のコピーとしてのロボット

4・3・0　死に至る病としての孤独

人間は社会的な動物である。孤独は、人間の健康を無意識のレベルで蝕むといわれている。[59][60] このことは、現在日本に存在する、死刑を除けばもっとも重い処罰のひとつが禁固刑であることを考えてみればわかるだろう。一方で、社会的孤立化が進んでいるといわれてすでに久しい。[61] これにはさまざまな要因があるのだが、特に都市部において、多くの人々が孤独と闘いながら暮らしている。

もしそのような孤独な人間たちに、社会的立場のよく似た「仲間」とコミュニケーションを取る道具を与えれば大儲けできるのではないか、という発想で作られたのが、フェイスブック[62]に代表されるソーシャルネットワークである。ソーシャルネットワークでは、テキスト、写真、そしてせいぜい映像を使ったコミュニケーションしかできない。ソーシャルネットワークのユーザーが本当に求めているのは、そのメンバーと実際に会ってリアルタイムの交流をすること、すなわち「オフ会」である。

結局のところ、私たちが求めているのは人間の「存在感」の方なのである。

これまでのいわゆる「ロボット工学」において、重要な研究テーマのひとつがこの「存在感」の共有である。本書で定義したロボット（ヒト型）は、例外なく物理的な存在である。だとすれば、人間の代替としてロボットの存在感を使えるのではないか、と多くの読者も考えるに違いない。ここで重要なのは、私たちが注目しているのがロボット自身やその物理的な機能ではなくて、存在感の方だということである。いうまでもないことだが、存在感は人間の認知の領域に属する概念である。それは幻想でも構わないということになる。

4・3・1　ロボットによる存在感の実装

存在感という言葉には多くの意味が含まれており、深く議論することは興味深いのだが、本書のスコープから外れるのでここでは深く立ち入らないことにする。ただ生身の人間自身の存在感も、多くの場合心理学的なツールによって操作されていることには触れておこう。私たちの認知する世界は、決してありのままの世界ではない。

仮にあなたそっくりのロボットが実装できたとする。それがウェブブラウザにとってかわるかたちで、あなたの友人の家に設置されたとしよう。もちろん、そのそっくりロボットは不気味の谷を越えていなくてはならない。逆にあなたの家には友人そっくりのロボットを設置するとしよう。はたして円滑な会話は成立するであろうか。おそらく何の問題もなくコミュニケーションは成立する、というのがこの思考実験の答えである。なぜなら、与えられた条件において、人間は表面的な仕掛けに容易に騙される可能性が高い。唯一の危惧は、本物のあなたが、のこのこあなたのロボットの前に現れてしまうことかもしれない。その瞬間に、あなたの友人の「幻想」は破綻してしまう。だが、そのときはあなた自身がコミュニケーションを取ればよい。つまり、何の問題もないということになる。

チューリングテストとは、機械が人間的かどうか、つまりどのくらい機械が人間を模倣できるかを測るためのテストである。[63] ロボット版のチューリングテストは、残念ながら技術的な制約のためにまだ実施されてはいない。しかしその実現の日が遠くないであろうことは、今日の技術発展の速さを見れば十分に予想できる。それどころか、現在の技術をもってすれば、人間の認知能力に耐える程度の存在感をロボットに与えることは可能である。[64] 表面的には人間のように見えるが、実際には人間の操作者がいるリボットはすでに実現しており、その存在感が人間にとって十分に意味のあるものであることが示されている。

4・3・2　存在感の転送

ロボット工学では、遠隔地に存在感を転送する技術のことをテレプレゼンス・ロボット（Telepresence robot）[65] やテレイグジステンス（tele-existence）[66] と呼んでいる。ある意味、これはテレビ電話の拡張版なのだが、相手がスクリーンの向こう側ではなく、自分と同じこちら側にいるところがポイントである。この技術は、離れたところにいる相手が、私たちと物理的な空間を共有しているということに特徴がある。単なるコミュニケーションの手段というよりは、遠隔医療や遠隔教育を見据えたものであり、その応用範囲はひろい。

テレプレゼンス・ロボットとよく似たものに、アバターがある。アバターとは、仮想現実空間におけるユーザーの代理人であるが、ユーザーとの一体性を強調するためにデジタル・セルフ（Digital self）[67]と呼ばれることもある。アバターはユーザーの分身として仮想現実空間で活動する。もし仮想現実空間内で他のアバター（すなわち他のユーザー）と出会えば、そこでコミュニケーションが成立する。分身とはいったが、アバターがユーザーの物理的な似姿をしている必要はない。性別も年齢も思いのままである。人間である必要すらなく、猫でも犬でも昆虫であっても構わない。

実のところ、テレプレゼンスを実装するにあたって、必ずしも物理的なラリルレロボットを用意する必要はない。上に述べたように、存在感は幻想でも構わないからである。仮想現実空間は「閉じた」空間であるが、これを現実世界に拡張した拡張現実空間の研究が進んでいる[68]。拡張現実空間とは、いわば仮想現実空間を現実空間に「湿潤」させたもので、最近ではaugmented reality: ARといったほうが通りがよいかもしれない。ナイアンティック社の「ポケモンGO」[69][70]などがその実装例である。ちなみに「ポケモンGO」では、地球をすっぽり覆うサイズで拡張現実空間を実装している。たかがゲームと侮るなかれ。

もし人間の認知能力を凌駕する拡張現実空間を実装できれば、物理的世界から切り離したテレプレゼンスが実現できる。映画「ブレードランナー2049」[71]や「シックス・デイ」[72]に登場するアバターを思い浮かべていただければよい。だが今のところ拡張現実に触覚を与える技術は実装されていない。少なくとも当面は、拡張現実ではなく、物理的なアバターを用いる必要がありそうである。そして、ここでいう物理的なアバターとは、リボットにほかならない。

4・3・3　友人・恋人・自分のコピーとしてのロボット

ここまで私たちはリボットの話をしてきた。アバターも、仮想／拡張現実空間のリボットの一種である。だが仮に人間と同じように思考し、また環境と相互作用できるようなロボットが実装できたとしよう。彼らと私たちの関係はどのようなものになると考えられるだろうか。いや、これではすこし話が茫漠としすぎる。仮にあなたがとても孤独な青年だとして、あなたは完全な人工物と友情を結べるだろうか。あるいは恋愛することはできるだろうか。

進化学的な観点からいえば、これほどナンセンスな話はない。私たちの全存在は、私たちの持つ遺伝情報の保持と拡散のためにあることは疑いようがない。仮にそうでないとしたら、私たちはまったく偶然で四〇億年間系統を途切らすことなく生きてきたことになってしまう。その可能性がまったくのゼロであるとはいえないが、もしあなたの祖先に人間ではなくロボットに恋する人がいたならば、おそらくあなたはこの世界に存在していなかったろう。

しかし、第5章で述べるように、人類文明はすでに利己的な遺伝情報のくびきからのがれ、むしろ反生物学的な方向に向かっている。一見それは人類絶滅へとつながる自殺的な行為に見えるけれども、私たちはすでにそういった問題を解決できるかもしれない生殖工学の実現に今一歩のところまで来ている。はたして、生物としてうまくやってゆけるかはさておき、一応絶滅を回避する手段は手に入れようとしているのである。

だとすれば、恋愛ぐらい自由にしてもよいのかもしれない。すでに社会的には、遺伝情報の保持と拡散には寄与しない恋愛形態は受け入れられようとしている。では相手がロボットで何が悪いのか。

実のところ、次世代の養育にかかる時間を考えると、人間の実質的な生殖可能期間はそれほど長くはない。また社会的に、性成熟直後の相手との生殖は、ロリータ・コンプレックスや正太郎コンプレックスなどとして、受け入れられないというのが私たちのコンセンサスである。したがってますます生殖可能期間のウィンドウは狭くなってくる。この短い生殖可能期間の外側にいる人間が、人間ではない対象にロマンチックな感情を抱くことが許されるかどうかは、つまるところ私たち自身が決めることであろう。もちろん、そのくらい魅力的な恋人としてのロボットが、存在すればの話ではあるが。

4・4　ロボットの人権

4・4・0　権利と人権

本書でいうラリルレロボットのなかのヒト型であるロボットは人間ではないので人権は存在しない。そういってしまえば話は終わりである。ここでひとつはっきりさせておくべきことがある。私たちが「権利」という言葉を使うとき、実はふたつの意味があるということである。一般的な「権利」と「人権」である。研究者が動物実験をするとき、日本であれば必ず所属機関の承認を得なくてはならない。仮に所属機関を持たない、いわば一匹狼の研究者が動物実験をして論文を書いても、学術雑誌は動物実験に関する承認がなければその論文を受けつけないので、学術雑誌に発表することはできない。

ちなみにEU諸国ではこのしくみはもっと厳しく、それぞれの国で立法化されており、動物実験にはそれぞれの国の政府の承認が必要である。なぜこのようなしくみがあるかというと、動物の「権利」を守るためである。そしてここでいう「権利」とは、一般的な動物の福祉のことを指す。すなわち、動物には苦しまずに生きる権利があり、動物実験はデータを得るためやむをえず実施するものであるから、動物の苦痛を最小限にする義務が人間の側にある。そしてもし可能であれば、シミュレーションなどの代替方法を用いるか、動物実験はできるだけ控えるべきだという考え方である[73]。しかしそれでも動物実験が必要な場合は、実験方法を工夫して動物の福祉に（できるだけ）かなうようにする。これを以下の三つの言葉の頭文字を取って3Rと呼ぶ。

・Replacement——科学上の利用の目的を達することができる範囲において、できる限り動物を供する方法に代わりうるものを利用することをいう
・Reduction——科学上の利用の目的を達することができる範囲において、できる限りその利用に供される動物の数を少なくすることをいう
・Refinement——科学上の利用に必要な限度において、できる限り動物に苦痛を与えない方法によってしなければならないことをいう

しかし、動物が動物実験をしないでほしいと主張をしたという話は聞いたことがない。また、動物がみずからの権利を守るため、人間に闘いを挑んだという記録もないと思う。動物は言葉がしゃべれないのだからあたりまえだと思われるかもしれないが、実はここには落とし穴がある。ここでいう

「言葉」とは、人間の言葉を指しているからだ。

私たちがふだん「権利」という言葉を使うとき、それは暗に人権を指している。歴史をひもとけば、権利の多くは、利益の相反する人間同士の闘いの過程で弱い立場の側が勝ち取ってきたものである。そもそも権利という概念は、人間が人間の言葉を使って創り出したものである。実はすでにこの時点で、動物愛護の主張はある陥穽に陥っている。動物の権利などというと一見動物の立場に立った主張のように聞こえるが、ここでいう「動物の権利」は人間の気持ちを代弁しているにすぎない。つまり、動物が苦しんでいるのを見たくはない人間の権利であり、動物を殺傷する罪悪感にさいなまされたくない人間の権利のことをいっているのである。このような書き方をすると不快に思われる読者もいるかもしれない。だが、ここをはっきりさせないとこの節の主題に入ることできない。読者の方々にはすこしお付き合いいただきたい。

4・4・1　異種間の共感能力

人間には共感という能力がある。[74]そしてこれは人間だけのものではなく、人間ではない哺乳類や鳥類のような動物も共感能力を持っているらしいことがわかっている。[75]つまり、進化的に保存された能力である。だがここでは人間の共感能力に話を絞ろう。他の個体が苦しんでいるのを見ると、私たちは苦しみをおぼえる。逆に他の個体が喜んでいると、私たちは喜びを感じることができる。この共感能力は、他者の情緒にかかわる大脳辺縁系の活動を模倣する能力と考えられる。[76]なぜこのような能力を人間が獲得したのかははっきりとわかっていないが、ここで重要なのは、この共感能力は人間ではない対象にも向けられうるということである。相手が異なる生物種であったとしても、人間は共感することができる。それどころか、無生物であっても人間は共感できるのである[77]。なかには、長年使いなれた机や椅子に共感する人がいるかもしれない。この共感能力には明らかにある特性があって、人間に似たものに対してより強く反応をする傾向がある。

4・1節で触れた感性グラフ[16]のことを思い出してほしい。不気味の谷に至るまで、対象が人間と似ているほど人間の反応は大きくなる。私たちが動物の権利をこれほど意識しているのは、彼らが人間を彷彿とさせる何かを持ち合わせているからだ。生物学の言葉でいえば、進化的に近縁であるということが大きいと考えられる。動物愛護に熱心な人々も、人間とは遠縁の動物、たとえばゴキブリなどにはあまり愛情は注がない。ここでは「可愛い」こそが絶対的な正義なのであり、論理や整合性は二の次である。これこそが、動物愛護が人間中心主義の産物であることの証左である。誤解を避けるために書いておくと、ここでは動物愛護活動を揶揄するような意図はまったくない。動物愛護精神の根本的なところは、人間の側の共感能力によってもたらされていることを指摘したいだけである。

ここで重要なことは、この人間と動物の間の関係は、人間同士においても同様に成り立つということである。私たちは同じ生物種である人間との関係においても、決して相手のことを完全に理解できるわけではない。対人関係性のかなりの部分は、自己から他者への共感によって裏打ちされている。そしてその共感が、必ずしも合理的な判断だけで得られているわけではないのは、異種間の共感能力と同様である。

つまり、ここにおいてすでに、人間への共感と人間ではない動物への共感を区別する理由はなくなっている。もちろん、自分の心理を相手に投影するにあたって、中枢神経系の構造が似通っている人間同士の場合と、進化的な分岐を経験している動物とのあいだでは、前者の方が共感の度合いが強いのは当然であろう。また、言語による情報伝達能力が、逆に共感を損なうような特殊な状況はさておき、共感を深く裏打ちしていることは間違いない。しかし、それはあくまで程度の差であって、根本的な関係性は同じであるといってよいのではないだろうか。動物の権利とは人間の側の問題であり、それゆえに人権と区別すべき積極的な理由はないということになる。動物の権利が「動物権」ではなく「人権」であるというのはそういうことなのである。

4・4・2 動物とラリルレロボットの三原則

ここで述べた動物の権利の話は、アシモフのロボット三原則[78]（本書2・9節を参照）と見事な対照をなしている。では、もし人間とラリルレロボットの関係ではなく、ラリルレロボットと動物の関係を考えた場合、この三原則はどのようになるだろうか。おそらく以下のようになるに違いない。

第一条　ラリルレロボットは動物に危害を加えてはならない。また、その危険を看過することによって、動物に危害を及ぼしてはならない。

第二条　ラリルレロボットは動物にあたえられた命令に服従しなければならない。ただし、あたえられた命令が、第一条に反する場合は、この限りでない。

第三条　ラリルレロボットは、前掲第一条および第二条に反するおそれのないかぎり、自己をまもらなければならない。

動物は人間的な意味でラリルレロボットに命令を下せるとは考えにくい。したがって第二条は有効性を持ちえないだろう。アシモフはヒト型のロボットを一般的な動物よりも上位においていたことがわかる。

アシモフのロボット工学三原則は、一見ヒト型ロボットの服従すべき義務について述べているように見えるが、実は権利に関する宣言である。これらの原則に抵触さえしなければ、ヒト型ロボットは何をしてもよいといっているのであるから。さらに駄目押しは第三条で、しっかりと自己保存の権利を主張している。アシモフ世界では、ポジトロン回路という人間の中枢神経系に匹敵する「人工頭脳」が存在するので、私たちの世界とは単純比較はできない。しかし、共感能力に関する根本的な関係は同じである。ヒト型ロボットは人間にとって他者であり、本質的な「心」を私たちは知る（感じる）ことはできない。結局自分の心理を投影することで、わかったような気分になるしかないのである。

したがってここでいう権利も、人間の持つ共感能力によって（一方的に）与えられていると考えるのが自然である。アシモフの論じたヒト型ロボットは、みずから人間に対して権利を主張し、正式な司法手続きによって「人権」を勝ち取る。だが、これはもう「人権」ではない。ヒト型ロボットが勝ち取った「ロボット権」である。だがこの節ではとりあえず人間が一方的にヒト型ロボットに与えた権利に話を絞る。ヒト型ロボットの権利が人権である以上、それは侵さざるべき正当なものである。

ヒト型ロボットの権利が侵されると、人間（の心）が傷つくのであるから。そしてそれは、人間の共感能力という生物学的な特性由来のものであって、少なくとも今のところは動物愛護の精神と根を一にしている。生得的なものである以上、人間はそれを変えようがない。人間の遺伝情報には、なぜかそのような本能が埋め込まれているようである。

第5章　ラリルレロボットの文化的意義

表 5-1　ラリルレロボットの歴史

時期	事項
紀元前 8 世紀	古代ギリシャの『イーリアス』に黄金の少女が登場(1)(2)
8〜9 世紀	高陽親王（桓武天皇の第七皇子）が機械人形を作成(2)
11 世紀	宋の蘇頌、水運儀象台を作成(3)
12〜13 世紀	トルコのアル＝ジャザリーがさまざまな機械を作成(3)
13 世紀	『撰集抄』に秘術によって生み出された「ロボット」が登場(1)
1495 年	イタリア、レオナルド・ダビンチがロボット騎士を構想(3)
1656 年	オランダのホイヘンスが振り子時計を発明(2)
1662 年	竹田からくり芝居を大阪道頓堀で開催(4)(5)
17 世紀	日本のからくり人形：茶運び人形、段返り人形、弓曳童子(1)(4)
17 世紀	寛永年間、世界最古の金属製からくり「蟹の盃台」(4)
1730 年	多賀谷環中仙『からくりくんもうかがみぐさ』出版(2)
1738 年	フランスのボーカンソンがあひるの児童人形（オートマトン）を製作(1)(3)
1773 年	スイスのピエールら、児童人形を制作(2)
1805 年〜	文楽人形が製作される(4)
19 世紀	幕末から明治初頭にかけて松本喜三郎が人間そっくりの人形を制作(6)
1868 年	米国デデリックらがスチームマンを発明(3)
1893 年	ジョージ・モアが蒸気人間を製作(2)
1926 年	米国のウェスティングハウス社が電話を利用したテレボックスを開発(1)(3)
1928 年	英国のリチャーズがエリックを発明(3)
1929 年	日本の西村真琴が學天則を発明(3)(7)
1939 年	米国でヒト型のエレクトロとイヌ型のスパルコが開発される(3)
1948 年	英国のウォルターがカメ型自走レボット、エルマーとエルシーを開発(3)

5・0　コンピュータ誕生前のラリルレロボット

本書の最後に、本章ではラリルレロボットの文化的意義を論じる。本節では、コンピュータ誕生前の状況を、簡単に振り返ってみよう。すでにいろいろな書籍で、いわゆる「ロボット」の歴史が触れられているので、それらを参考にしつつラリルレロボットの出現順にまとめて表5-1に示した。これらのほとんどは、人間に似せたものであり、ラリルレロボットでいえば、ヒト型であるロボットのプロトタイプである。

この表には、フィクションは掲載していない。ノンフィクションと考えた記述のみ、リストに入っている。しかし、そもそもロボットという単語そのものが、カレル・チャペックにより一九二〇年に発表された戯曲に由来する。(8) また、コンピュータが一般化されるよりも前の一九五〇年、アシモフが「私はロボット」のなかでロボット工学三原則を提唱した。(9) このため、あたかもこれがロボットの従うべき原則だと勘違いしている人々も多いようだ。なお、コミックとアニメに登場するラリルレロボットについては、5・1節を、映画に登場するロボットについては、5・2節を参照されたい。

いずれにせよ、人間に似た動きをする機械は、大昔から人々の注意をひいてきた。人間は生物であり動物であるという、生物学が進んで、脳のはたらきが重要なことがわかってきたことと、二〇世紀後半に、脳のはたらきを部分的にではあるが、まねすることができるコンピュータが開発されて、はじめて本格的なロボットが開発されるようになったのである。

5・1 コミックとアニメに登場するラリルレロボット

5・1・0 コミックとアニメの興隆

かつて日陰者扱いのサブカルチャーであったはずのコミックとアニメは、いつのまにか日本文化の主流を侵食しつつあり、国立新美術館のような公的機関さえ、コミックやアニメに近いポップカルチャーの旗手たちの展示を行なうようになってきている[10]。

この現象は日本国内にとどまらず、日本国外でも日本発のコミック（マンガ）とアニメが一定の文化的影響力を持ちつつある。もっとも、これは控えめな表現かもしれない。マンガとアニメに憧れて日本に留学を希望する海外の学生はあとを絶たないし、その背後にはマンガとアニメというコンテンツの強力な発信力がある。二〇一九年の五月には、おそらく日本国外では初となる本格的な日本のマンガの展示が大英博物館で行なわれた[11]。多くの日本人にとって、このような時代が来るとは想像もできなかっただろう。

マンガやアニメが日本という国の肯定的なメイージを押し上げているのは、ちょうどハリウッドの黄金期に映画というメディアが米国の肯定的イメージに寄与したのとよく似ている。

そしてコミックやアニメにとって、ラリルレロボットたちは重要なガジェットであると同時に登場人物でもある。

ところで、ここですこし用語の整理をしておこう。「コミック」という言葉はもともと「喜劇的」

のことであるけれども、ここでは日本のマンガ、フランスのバンド・デシネ、あるいはアメリカン・コミックやグラフィック・ノベルを指すこととしよう。「アニメ」とはもともと「セル画」に描かれた日本製の「リミテッド・アニメーション」のことであるが、ここでは一般的なアニメーション作品全体を扱うことにする。ただし、コミックやアニメにかかわる作品数はあまりに膨大なので、この章では一部の例外を除き、比較的最近の日本のコミック（つまりマンガ）とアニメをおもに扱うことにする。

5・1・1　コミックにおけるラリルレロボットの登場

歴史をひもとけば、コミックやアニメにラリルレロボットが登場したのは決して古くはない。たとえば日本であれば手塚治虫の「アトム大使」[12]よりも以前に、ラリルレロボットらしいラリルレロボットはコミックの世界に現れていない。

いわゆる文学としてのラリルレロボットが歴史に現れるのは遅くとも一九世紀ごろだと考えられる。「ロボット」の語源であるチャペックの戯曲は一九二〇年に発表されている[13]が、ホメロースに描かれる神話的な世界のいかにもラリルレロボット的な青銅や粘土製の「ロボット」まで含めれば、時代は一挙に紀元前まで遡る。そのことを考えると、ラリルレロボット的な世界においては、コミックやアニメのラリルレロボットはまだまだ新参者である。

コミックやアニメの他の表現方法との決定的な違いは、5・2節でも触れるように「かたち」もしくは「具象」としてのアイデアの提示が行なわれていることである。すなわち、言語表現であればいくらでも抽象的なアイデアを提示することができるが、コミックやアニメでは視覚という制約がかかっているため、アイデアは具象としての整合性を備えていなくてはならない。おそらくそのために、あまりに突飛なアイデアについては視覚的な「実装」が遅れたのではないだろうか。

最初にコミックの世界に登場した「ロボット」は、一八九九年に発表された「億万長者の陰謀（La Conspiration des Milliardaires)」に登場するオートマタ「メタルマン」か「モクソンのマスター」に登場する自動チェス人形のようである。実のところ、このことをはっきりと断言するのはむずかしいのだが、コミックとアニメの世界におけるラリルレロボットの登場が、一九世紀を大きく遡ることはないだろう。

5・1・2　善玉としての「ロボット」

キリスト教の文化圏では、人の似姿をまとったヒューマノイド、本書でいうLobotは、社会的に受け入れがたいという意見がある。たしかに、欧米における虚構の世界の「ロボット」の役回りというのは、なんらかのかたちで悪役の要素が入っているように思う。本書ではあえて文化論には深入りはしないが、ヒト型ロボット＝悪役という構図には、日本人的な感覚ではなかなか理解できない根深いヒト型ロボットへの嫌悪が隠されているような気がする。すなわち、擬似的な人間（亜人）に対する本能的な嫌悪である。それはある種の差別といってもよいかもしれない。

その意味で、日本のコミックやアニメの方向性を決定づけたと考えられる手塚治虫の「アトム大使」[12]の登場は特筆すべきものである。「アトム大使」の「アトム」は、登場人物のひとりとして中立的な役回りを与えられている。さらにその後の「鉄腕アトム」[14]では、「アトム」はもう一歩進んで善悪の判断可能な正義の味方として活躍し、人類を救済するために自分自身も犠牲にする。ここで重要なことは、「鉄腕アトム」が「アストロボーイ」として米国の大衆に受け入れられたことである。アトムはヒト型ロボット恐怖症の一角を崩すことに成功したのかもしれない。

5・1・3　カルト的な人気を誇る「鉄腕アトム」の同期生

「鉄腕アトム」とほぼ同時期に発表された前谷惟光の「ロボット三等兵」[15]では、主人公の「ヒューマノイド」が実際の戦争を模した環境下で奮戦する様が描かれている。「ロボット三等兵」が戦後レジームのもとで、大日本帝国陸軍を批判する目的で描かれたのはほとんど自明だが、「ロボット三等兵」自身が「アトム」のように苦悩しながら生き様を見出そうとしているとは思えない。だが、だからこそ「ロボット三等兵」の方がよりリアルであるという見方もできる。

作者の前谷は、手塚とは異なり外地の戦場を経験している。手塚の多くの作品に共通する戦争に対する徹底的な嫌悪に比べると、前谷惟光の描く戦争は、過酷ではあるけれどどこか日常生活との連続性を感じさせる。「ロボット三等兵」は飄々と戦地の地獄を生き抜いてゆくのである。

もっとも、「ロボット三等兵」が「ロボット」であること自体に、大いなる皮肉が隠されているのかもしれないが。

5・1・4　兵器としてのリボットの登場

「鉄腕アトム」や「ロボット三等兵」は、ありていにいえばストーリーを紡ぐための善玉キャラクターであり、ヒト型ロボットの扮装をした人間にすぎないではないかという意地悪な見方もできる。その意味で、操る者の意思次第で悪玉にも善玉にもなる装置としてのリボットを、最初にコミックやアニメの世界に登場させたのは横山光輝だろう。「鉄人28号」(16)や「ジャイアントロボ」(17)にはどこか現実の技術と地続きのようなリアリティと、ある種の不気味さがある。彼の作品のリボットたちは純然たるヒーローではない。「鉄人28号」は大日本帝国陸軍が開発したものだし、「ジャイアントロボ」も敵役のBF団が開発したものである。最初から兵器なのだ。

現実の世界においてリボット兵器はすでに実用化され、実際に敵を殲滅している。つまりは人間の命を奪っているのだ。たとえばあなたにとって敵性のある国家がそのようなリボット兵器を開発すれば、そのリボットはあなたの直接的な脅威である。だがまったく同じリボットがあなたの「友軍」によって操られていれば、それは心強い味方となる。「鉄人28号」や「ジャイアントロボ」の不気味さというのは、彼らが強力な兵器であればあるほど、いつ敵の手にわたってあなたに仇なす存在となるかわからないという恐怖から来るものである。わざわざここで指摘するまでもないかもしれないが、「鉄人28号」や「ジャイアントロボ」は科学技術の二面性の象徴であると同時に、兵器が暴力の増幅装置にほかならないという事実をわかりやすく視覚化したものなのだ。

5・1・5　生物ロボット／ルボットの誕生

ラリルレロボットは基本的に機械工学を土台とした装置である。だが、ある時点から機械ではないラリルレロボットが虚構の世界に現れるようになった。その背景には、分子生物学の興隆にともない、生物といえども分子機械にすぎないのではないかという生命観の変遷がある。

いわゆる機械装置ではない生物レボットを見事に視覚化したのはリドリー・スコット監督の映画「エイリアン」[18]だった。一方、すこし遅れてマンガの世界に登場した生物レボットは、宮崎駿の「風の谷のナウシカ」[19]の巨神兵だろう。だが映画版において彼のアイデアに映像というかたちで生命を吹き込んだのは当時アニメーターだった庵野秀明だといわれている。[20]

巨神兵という有機的な生物ルボットのアイデアは、そのまま「新世紀エヴァンゲリオン」[21]の生物ルボットたちに受け継がれ、混沌とした新世紀の世界を紡いでゆく。「新世紀エヴァンゲリオン」のルボットたちに主人公たちは直接神経結合され、古典的なルボットである「マジンガーZ」[22]よりもはるかに直接的な方法でルボットを操る。

「新世紀エヴァンゲリオン」は熱烈なファンの存在にも助けられ、コミックやアニメのルボット像を一変させた。だがよくよく考えると、操縦者が神経結合によってルボットと一体化するというアイデアは、七〇年代の「勇者ライディーン」[23]にすでに現れている。「新世紀エヴァンゲリオン」のルボットたちにどこか既視感を感じえないのは、知的な引用で成り立っている作品作り（もしくは知的な引用で包装されたアニメという商品）の限界なのかもしれない。

萩尾望都は二〇世紀末に人間の体細胞クローンを題材にした作品をいくつも描いている。[24]一見それはロボット工学とは無縁のように思えるが、実際に彼女の描いた「クローン技術」とは複製可能な身体と対をなす唯一無二の意識のことであって、一種の生物レボットとみなすことができるだろう。実際の体細胞クローンでは個人の意識までコピーされるわけではないが、萩尾作品の中では不死性を強調するために、記憶の移植も行われることになっている。今でこそ映画等で使われるアイデアだが、萩尾はこれを一九八一年に発表した作品「A-A'」の中で描写している。萩尾は、このモチーフをその後繰り返し使うことになるが、実のところ、萩尾にとって体細胞クローンとは「不死」のモチーフなのである。分化した体細胞に万能性を獲得させるという行為は、「不死」のモチーフとしてそれほど誤っているわけではない。萩尾は意図的に体細胞クローンという言葉を誤用しているように見える。萩尾は、ひょっとすると、このことを意識した上で体細胞クローンの物語を紡いでいるのかもしれない。

5・1・6　先祖返りとしての「機動戦士ガンダム」[25]

一九七〇年代の終わりに登場した「機動戦士ガンダム」シリーズがなぜここまで若者に支持されたのかについては諸説あるが、軍事ルボットとしての説得力をアニメの世界に持ち込んだからかもしれない。つまり、「鉄人28号」ではリボットであった大道具を、より登場人物と一体化したルボットに置き換えることで、戦場の臨場感を実現することに成功したのである。その意味で「機動戦士ガンダム」は「鉄人28号」のリバイバルといえるかもしれない。

「機動戦士ガンダム」シリーズでは、敵も「機動戦士ガンダム」とあまり性能の変わらないルボットを持っていて、現実の戦争とあまり変わらない血みどろ（もしくは泥沼）の戦いが繰り広げられる。「機動戦士ガンダム」のモビルスーツがロバート・A・ハインラインの「宇宙の戦士[26]」に登場するルボット（パワードスーツ）を下敷きにしているのは明らかである。だが、「宇宙の戦士」が現実の戦争を彷彿とさせる度を越した暴力を真正面から描いていることに比べると、「機動戦士ガンダム」世界の戦争は、せいぜい受験競争やスポーツといった「フェア」な戦いのメタファーのように見える。これはいうまでもなく、第二次大戦後も泥沼の戦争を遂行し続けた米国と、平和憲法の下で繁栄を享受した日本との決定的な違いを反映していると考えられる。

若者は「機動戦士ガンダム」で描かれるソフトな戦争を通して、内なる攻撃的な衝動を満足させているのだろうか。結局のところ、軍事ルボットはリボットと同様に暴力を増幅させる装置である。「機動戦士ガンダム」が実装されることはなく、ファンタジーの世界にとどまってくれることを切に願うものである。

5・1・7 マンガとアニメとサイバーパンク

物理的な筐体を渡り歩くソフトウェアとしての意識という考え方は、士郎正宗[27][28]の作品にかなり早くから現れている。ここでロボットは、ソフトウェアとしての意識の宿る一時的な乗り物という位置づけである。もちろんこれは、ハードウェアとしてのコンピュータと、人間の手によってすこしずつ進化してゆくソフトウェアのごく素直なメタファーである。

このアイデアは押井守をはじめとしたアニメ界のニューウェーブ[29]の旗手たちによって何度も映像化

され、世界中の映像作家に少なからぬ影響を与えている。いや、現実の技術にさえ、このアイデアは多少かたちを変えて組み込まれている。[30]たとえば「攻殻機動隊」が最初に映像化された時点では、まだインターネットは一般の人々の手に届くところにはなかった。明らかに「攻殻機動隊」では、地球規模のネットワークで仮想空間の住人が意識を共有する未来が示唆されている。「攻殻機動隊」のラストシーンに登場する「ネットの海」という言葉は、実に暗示的ではなかったろうか。

ただし、公平を期していうなら、ここで扱われているアイデアは決して新しいものではない。たとえば異なる身体を渡り歩く意識というアイデアは、ルーディ・ラッカーの『ソフトウェア』[31]にすでに現れている。コミックやアニメは、そのような前人未到のアイデアに具体的な「顔」を与えているのである。

5・1・8　ビジョナリーとしてのコミックとアニメ

ラリルレロボットたちに、その萌芽となるべきアイデアを提供しているのは間違いなくSF文学である。だが、その実装に向けて具体的なイメージを提案し、ラリルレロボットたちの実装を促したのはむしろコミックやアニメではないだろうか。

科学技術というものは単なる物理法則の寄せ集めではなく、人間がまず心のなかに思い描いたビジョンを核として持つ必要がある。現在存在する技術には、自称専門家がその実現を否定してきたものがいくつもある。たとえば、飛行機も、高速鉄道も、宇宙船も専門知識を持った常識家によって繰り返し否定されてきた。しかし一握りの「非常識家」たちの執拗な努力によって「常識」は覆されてきたのである。その原動力になっていたのは、未来を見通す明確なビジョンであった。そしてそのビジョンは、往々にして虚構の世界から与えられてきたのである。

優れたマンガやアニメは具体的なビジョンを提供する優れた媒体である。もしかすると、ラリルレロボットの未来は、コミックやアニメによって占うことが可能なのかもしれない。

5・2　映画に登場するラリルレロボット

5・2・0　発想の宝箱

映画に登場するラリルレロボットは、実に多岐にわたっており、また自由奔放な発想が詰め込まれている。実際、現実に実装されたラリルレロボットのうち、明らかに虚構の世界のラリルレロボットから影響を受けたと思われるものは少なくない[32]。

映画が文学における表現と異なるのは、映像を成立させるためには、もっともらしい具体的な実装も考えなくてはならないということにある。このあたりの事情は、マンガやアニメ（アニメーション映画）についても同様である。

映画の映像としての表現力のかなりの部分が、描写される世界の力学的な整合性にあると考えられるだろう。それが私たちの住む現実世界と虚構の世界をつなぐ心理的な架け橋としてはたらき、映画ならではの説得力を生み出しているのである[33]。したがって観客は、映画の登場人物（キャラクター）やさまざまな道具立て（ガジェットやプロップス）の力学的特性にきわめて鋭敏である。映画の世界で、美麗で非の打ち所のないように見えるコンピュータグラフィックス映像（CGI）が批判される理由もそのあたりにある。観客はどうしてもCGIからある種の「軽さ」もしくは非現実性を感じ取ってしまうのである。そのくらい、映画のような高品位な映像で観客を騙すのはむずかしい。逆にいえば、映画表現には絶えずこのような高い要求が突きつけられており、場合によっては現実よりも現実的な「実装」を考える必要がある。映画に登場した架空のロボットが、現実のロボットの実装に影響を与えている理由もこのあたりにあるのかもしれない。

5・2・1　SF文学と映画

人工衛星を使った通信がSF作家であるアーサー・C・クラークのアイデアであったように[34]、SF的な発想が時代の先取りをすることは珍しくない。そもそも工学的な技術とは、人間の持つビジョンを社会実装したものなのであるから、ひとまずその実現性を度外視するとしても、アイデアがなければ何もはじまらない。そのような意味で、自由な発想を旨とするSFが、科学技術の「預言者」としての役割を担ってきたことは偶然ではないだろう。技術者や工学研究者に精神的な苗床を供給し続けたという点において、SF文学・映画のは果たした役割はきわめて大きい。

その一方で、ラリルレロボットの持つSFにおける役割は、他のSF的な文脈における道具立てとは多少異なることにも注意すべきだろう。表面的にはラリルレロボットの外観をしていても、人間とほとんど変わらない役割を担っていたり、人間関係のメタファーを導入するための手段であったりすることは少なくない。このことは、SFにおけるラリルレロボットが単なる未来的なガジェットではなく、ある種の人格を付与されたキャラクターであることを意味している。

映画は、基本的に演劇と同様に、ひろい意味での文学であるテキスト表現を骨格に持っている。私たちは映画を観るときにあまり意識してはいないが、画面に現れるほとんどのものにはテキストレベルでの意味が付与されている。たとえば自動車は本来プロップスとして使われることが多いが、カーチェイスのようなシーンでは、自動車はむしろアクションスターのように性格や役割を付与され、キャラクターに準じた位置づけを持つ。これが猫や犬のような動物であれば、観客は間違いなく動物に人間的な性格や役回りを期待するであろうし、ましてやヒト型ロボットのように人間の似姿をまとっていればなおさらである。したがって映画に登場するラリルレロボットたちは、しばしばプロップスよりもキャラクターとしての特徴を多く備えている。

5・2・2 SF映画の黎明期

初期のSF映画でもっとも影響力のあったラリルレロボットは、フリッツ・ラングの「メトロポリス」（一九二七年）[35]に登場するヒト型ロボットのマリアであるといわれている。女性型であるマリアは、完成直後は金属光沢を放ついかにも機械的な外見をしているが、発明者であるロトワング博士の手で起動されると、肉体を持った若い女性に変身する。劇中においてマリアは、ヒロインの身体的なコピーとして開発されたヒト型ロボットという設定になっている。

貞淑で従順な人間のマリアに対し、ロボットのマリアは肉欲的で行動的な性格を与えられている。マリアは向こう見ずかと思うと、打算的で、美しい外見とは裏腹の冷酷さが垣間見えたりする、ある意味きわめて現代的な女性として描かれる。映画のクライマックスでは、彼女は革命への熱狂とともにメトロポリスの市民を煽動する。

マリアは、なぜこれほどまでに周囲の人間に対して影響力を持ちえたのだろうか？　おそらくラングは、マリアの性的な魅力も含めて、仮にラリルレロボットのアジテーターが人間を凌駕する巧みな話術やデマゴギーの能力を備えていれば、容易に大衆はコントロールされうるということをいいたかったのではないだろうか。つまり、この作品でマリアは人工知能のデマゴーグとして描かれているのである。

とはいえ、いかにも機械的な装いのラリルレロボットが、活動をはじめたとたん人間と区別のつかない外見をまとうというのは、SF的には多少無理があるところである。劇中でもそのメカニズムは一切説明されていない。率直にいってこれは当時の映像技術的な限界と、ヒロインと瓜二つであるという設定に沿ったいささか強引な演出だと思える。だが、生命を持たない肉体は機械と等価であるという意図も汲み取れないではない。と同時に、スイッチひとつで簡単に無生物からから生物への転換が実現されることで、生物が持つべき非可逆性が破られる不自然さが強調されている、とも解釈できる。そのことにより、観衆にラリルレロボットという存在の特徴をわかりやすく提示しているのかもしれない。つまり、人間という存在と等価であるか、場合によってはわれわれを凌駕する能力を備えているのに、生物学的な非可逆性からは自由でいられるという、ラリルレロボットの人間に対する絶対的な超越性である。このあたりのラリルレロボットの超越性は、アシモフの一連の小説のなかで何度もモチーフとして使われている。(9)

マリアがジョージ・ルーカス監督の「スターウォーズ」[36]に登場するC3POとよく似ているということはよく知られている。ただ、「スターウォーズ」においては、C3POからマリアの持っていた性的な特徴は注意深く排除され、相棒のR2D2とともに狂言回しの役回りに徹する設定になっている。

フリッツ・ラングの卓越性は、生殖とは無縁のはずのラリルレロボットにあえて女性としての属性を与えていることで、ある種の居心地の悪さを観客の心に植えつけることに成功したことにあるだろう。この居心地の悪さは「不気味の谷」[37]の概念と通じるものであるが、ある意味「谷」のネガティブな側面を逆手に取ったものともいえる。ヒト型ロボットであるマリアは明らかに人間のヒロインの引き立て役にすぎないはずなのに、「メトロポリス」のなかで一番印象に残るのはどう考えても彼女の方だからである。

5・2・3　ドナルドの甥っ子たち（レボットの登場）

映画「サイレント・ランニング」[38]では、ヒト型ではない、ヒューイ・デューイ・ルーイ[39]という三体のレボットが登場する。この作品は、「2001年宇宙の旅」[40]で視覚効果を担当したダグラス・トランブルが初めて監督した映画作品で、低予算ではあるが彼の趣味性が色濃く反映された作品である。急速な工業化により地球上の自然環境を失った人類は、宇宙船のなかの人工環境のなかで人間以外の生物種を維持しようと試みる。宇宙空間であれば、潤沢な太陽エネルギーを使って閉鎖環境としてのエコシステムの平衡が成立する、というのがこの映画のSF的なアイデアである。劇中の宇宙船のデザインも、一九七〇年代の技術の延長のようなリアリティを備えたものになっている。このセンスは今までのSF映画にはなかったもので、「2001年宇宙の旅」[40]同様にその後のSF映画に大きな影響を与えた。この映画に登場するヒューイ・デューイ・ルーイも、その世界観に沿ったものとなっている。

まずヒューイ・デューイ・ルーイには人間のような四肢がない。あるのはアヒルの足のような短い足と工業用のラボットを彷彿とさせる小型の腕（マニピュレーター）だけである。頭部もなければ、人間の顔にあたる装置もない。ただし、一眼のレンズは備えている。ヒューイ・デューイ・ルーイは、ジョージ・ルーカス監督の「スターウォーズ」に登場するR2D2の原型ともいわれている。そもそもなぜ映画に登場するラリルレロボットがそろいもそろってヒト型なのかといえば、人間が着ぐるみを着る都合上、人間の体型からあまり逸脱したものを作れないからである。実はヒューイ・デューイ・ルーイのなかにも人間が入っているのだが、下肢を切断したベトナム戦争からの帰還兵が彼らを演じている。これはR2D2も同じである。ただし、R2D2の撮影ではほとんどの場合、リモコンを使うリボットが使われている。

劇中のヒューイ・デューイ・ルーイはある程度自律的に行動できるが、基本的には人間に与えられた仕事を黙々とこなすだけの支援レボットである。彼らが今までのハリウッド映画に登場したラリルレロボットと一番異なるのは、言葉を持たないということだろう。ヒューイ・デューイ・ルーイはある程度人間の言葉を理解できるが、みずから言葉を発することはない。このあたりもR2D2とよく似ている。しかし、主人公のある行動に対してルーイが命令に従わず、いわば自殺をするというシークエンスを通して、彼らにもある種の自意識があることが暗示されている。なお劇中では彼らは「ドローン」と呼ばれている。

5・2・4　生物ロボット

リドリー・スコットによる傑作「エイリアン[41]」には、人間とまったく区別がつかないが、しかし人間に対する超越性は備えているまさにロボットが登場する。実はこのロボットの役回りはあまり本筋とは関係がないのだが、そのシークエンスは強烈である。「エイリアン」では地球外の生物が若い女性をレイプするというショッキングなイメージが暗示として提示される。一方、イアン・ホルム演じる、合成人間アッシュも、シガニー・ウィバー演じるヒロインのリプリーに襲いかかる。アッシュはノストロモ号の乗組員に破壊されながらも、まるで頭部を失った昆虫のようにリプリーを襲い続ける。生殖器を持たないアッシュだが、雑誌を丸めて、リプリーの口に無理矢理押し込もうとするこの光景は、性行為を暗示させる。

もともと「エイリアン」は、スイスの画家、H・R・ギーガー[42]の作品「ネクロームⅣ」をモチーフにしていることが知られている。ギーガーはしばしば男性器や女性器をモチーフにしており、エイリアンの頭部のデザインは男性器そのものだといわれていることを考えると、アッシュが性的な衝動を持っていたとしても不思議ではないかもしれない。

アッシュは頭部を切断されたあと、再起動されて乗組員たちと会話をはじめる。このシーンの基本的なアイデアは、「エイリアン」の脚本を書いたダン・オバノンが、その数年前に脚本を担当した超低予算映画「ダークスター」[43]において、宇宙船の乗組員が、コンピュータに電気的に結合された凍結死体と会話するシーンとしてすでに描かれている。たとえ死体であっても、組織が傷ついていなければ、静的な情報を介して思考にアクセスできるはずだというアイデアは、ある意味理にかなっていると言えるだろう。

生首だけのアッシュとノストロモ号の乗組員との会話を通して、映画の観客はまたしても生と死の境界を軽々と越えるロボットの超越性を目にすることになる。アッシュは、エイリアンの完全性を讃えて息絶えるが、彼の黙示録的な言葉は、ラリルレロボットと人間との微妙な関係の本質を突いている。宇宙のなかで、われわれはあまりにか弱く不完全である。地球というゆりかごの外に出るためには、ラリルレロボットの持つ超越性がどうしても必要となるのかもしれない。

アッシュのモチーフは、同じリドリー・スコットの作品「ブレードランナー」[44]においてレプリカントとして再登場する。「ブレードランナー」は、フィリップ・K・ディックの『電気羊はアンドロイドの夢を見るか』[45]にスコットなりの解釈を加えたものであるが、基本的な世界観は踏襲されている。

5・2・5　フィリップ・K・ディックの悪夢世界

フィリップ・K・ディックは『電気羊はアンドロイドの夢を見るか』[45]で、愛玩レボットのアイデアを提示した。これは実用的には何の役にも立たない羊レボットに人々が大金を払い、いやしを本気で求めるという、ある意味滑稽な未来という設定のなかで登場する。主人公のデカードは、この電気羊欲しさに警察権を持った賞金稼ぎとなり、事実上人間とすこしも変わらない「ロボット」、レプリカントを狩るのである。この物語には、さまざまな魅惑的なアイデアが詰まっている。たとえば、人間とレプリカントを判別するための「心理テスト」は、レプリカントが肉体的にまったく人間と同一であることを示している。しかし、なかでも電気羊の持つ意義は突出している。

実用的な意味で役に立たないレボット、もしくは愛玩レボットの存在というのは、この物語のなかでいかにこの暗い未来社会が精神的に荒廃しているのかを表している。と同時に、人間にとってのラリルレロボットという存在の本質を突いている。すなわち、(1)レボットは人間にとって社会的存在でしかない。同時に、(2)レボットは人間にとって情緒的なつながりを持ちうる存在だ、ということである。

たとえば、どんなに本物に似せた愛くるしい愛玩レボットであっても、腹の部分にメンテナンス用のハッチがあり、そこを開ければ製造番号の書かれた部品が詰まっている。電気羊が科学的な意味で生命を模倣しているかどうかはここでは問題ではなく、人間に電気羊が生命体であるという印象を与えるような仕掛けの方が大事なのである。

5・2・6　電気アザラシはラリルレロボットの夢を見るか？

ディックの電気羊は、日本の産業技術総合研究所（産総研）が開発したアザラシ型愛玩レボット[46]と発想としてはまったく同じである。愛玩レボット中には、生物学的には洗練されているとはいいづらいメカニズムが実装されている。その動作には、本来生物が機能として持つ生存のための意義はまったくない。それでも人間はそのレボットのぎこちない動きに生命を感じるのである。

ディックの電気羊は、それよりははるかに洗練されているとはいえ、経済機構に組み込まれ、人々に癒しを提供する商品として描かれるという意味で、産総研の愛玩レボットと異なるところはない。さらにレプリカントによっては、人間に性的なサービスを提供する商品であることが暗示されているが、ここでの主役は経済機構のなかのサービスの方であり、愛玩レボットはそのための道具にすぎないと考えると、ディックの紡ぎ出した悪夢的な未来は急に現実味を帯びてくる。

サービスが抽象的なものである限りおいて、その実現手段がどんなに「科学的」に無意味であっても、それはどうでもよいのである。ここでは人間の認知の方が主役なのであり、レボットやロボットはその認知の及ぶ範囲において、具体的なイメージを結ぶための素材であればよい。だからこそレボットやロボットはしばしば醜悪で、ぎこちない存在でありうるのである。それはちょうど映画の撮影現場における書割りのようなもので、ある方向から撮影すれば現実と差異はなく、美学的な意味を持つが、別の角度から見れば奇妙で、滑稽でさえある粗末な垂れ幕でしかないのである。

ディックはこの人間の目に映るかけがえのないレボット・ペットの愛らしさと、すこし視点を変えたときにさらけ出される醜悪な実体を対比することで、レボットやロボットの社会的存在の意味をあぶり出している。

すなわち、愛玩レボットの望ましい姿は、すでに人間の心のなかに用意されているのである。人間は、それに合わせてレボットの外見や容姿を選ぶにすぎない。言い方を変えれば、レボットやロボットというものは、あくまでも人間中心主義の世界のなかの住人なのである。

もしこれらのレボットやロボットにうさんくささを感じる人がいるとすれば、それは経済機構の制約のなかで先鋭化した舞台裏を覗いてしまったからである。本当の主役は、人の心のなかに埋め込まれたイメージと結びついた抽象的なサービスであることを理解しないと、舞台袖ばかりを注視して肝心の物語の筋を見落とすようなことになってしまうだろう。

5・3 人類滅亡後のラリルレロボット

5・3・0 急速な人口減少

ピクサーが二〇〇八年に制作したディズニー映画「ウォーリー」[47]は、ゴミ収集レボット「ウォールE」が、人類滅亡後の廃墟をとぼとぼと歩くシーンからはじまる。人間は一切登場せず、唯一登場する動物がゴキブリだけという、ディズニーらしからぬ悲観的な未来を舞台にした映画である。

残念なことではあるが、生物種としての人間の未来は決して明るくない。現生の人類(ホモ・サピエンス)がこの地球上に現れたのはおおよそ二〇万年前である[48]。今日私たちは自分たち人間を唯一の「人類」であると認識しているが、ほんの数万年前まで私たちとは異なる他の人類もこの地球上に存在していた。昔から知られているネアンデルタール人やこの一〇年ほどのあいだに急速に研究が進んでいるデニソワ人はその一例である。つまり人類には、他の生物種でよく見られるように「亜種」がいたのである。私たちの祖先は他の人類とは資源をめぐって競合関係にあったが、ホモ・サピエンスの能力がわずかに勝っていたために、結局私たちの祖先は他の人類を出し抜き、徐々に駆逐したのではないかという説があるが、競争があったのかどうか、はっきりとはわかっていない。

生き残った私たち現生人類は、表面的には繁栄を謳歌しているように見える。その総人口は八〇億をもうすぐ超え、さらに毎年約一・二％ずつ増加していると推計されている[49]。ところが、先進国における出生率と人口増加率を見ると状況は一変する。日本とロシアで特に顕著な人口増加率の低下は、米国とカナダを除く「G８」諸国のいずれでも多かれ少なかれ起きている。米国とカナダが例外（〇・九％以上）なのは、これらの国が移民によって成り立っているからだ。他国からの定常的な人口流入が見かけ上の人口増加を底支えしているのである。もしこの人口流入を除外すれば、他の先進諸国とあまり状況は変わらないと考えられる[50][51]。

5・3・1　遺伝子の深き欲望

白分の遺伝情報のコピーを多く残した生物が、結局生き残ってゆくのが、生物進化の基本である。遺伝子プール内に、ある個体固有の遺伝情報のコピーを対立遺伝子として多く持つということは、その個体由来の生殖細胞系列が長続きする可能性を高めるということにほかならない。生殖細胞から見た場合、生命の「寿命」は必ずしも個体の寿命にはとどまらない。少なくとも私たちの生殖細胞系列は過去四〇億年を生き抜いてきているわけであるし、この先も運が良ければ、何億年先の未来まで生殖細胞の系列は生き続けるかもしれない。この場合、人類の子孫種が存続することが前提となる。

貧しい発展途上国で人口爆発が叫ばれている一方、なぜ物質的に豊かなはずの先進国では少子高齢化が進んでいるのだろうか。その理由はさまざまであろうが、この現象は一過的な「異常事態」ではなく、人間性の本質にかかわる必然性を内包しているからかもしれない。

生物のからだは遺伝情報を運ぶための一時的な乗り物にすぎない。物質的な乗り物はいつか古びて擦り切れてしまうが、抽象的な存在である情報は古びることはない。加齢によって乗り物がポンコツになる前に、遺伝情報はつぎの世代にコピーされる（人間のような二倍体の生物の場合は、相手の配偶子の遺伝情報とシャッフルされる）。その遺伝情報には、個体固有の遺伝情報を集団中に拡散するための強力な衝動がプログラムされており、接合体から発生した生物個体はその衝動に支配され、自分の運ぶ遺伝情報のコピーをすこしでも多く作るために一生を捧げる。今のところこの考えに反するような行動をするような生物は見つかっていない。人間以外は……。

5・3・2　反生物学的な人間行動

先進諸国ですでにみられているが、ひょっとすると人間は遺伝情報の運び屋ではなく、もっと違った生き方を意図的に選んでいるのかもしれない。このとき人間が担おうとしている情報はもはや遺伝情報ではない。

明らかにこれは反生物学的な生きざまであり、ある意味みずから絶滅への道を歩んでいるともいえる。しかし、これが先進諸国で現実に起きていることなのである。このことを傍証するための例には枚挙にいとまが無い。たとえば、現代は高度な医療技術が発展している。一見、このことは人類の福祉に貢献しているかのように見える。しかし、自然の状態であれば淘汰されてしまうような「弱い」個体を医療の力で「不自然に」生かすことは、結果として人間集団の遺伝子プールの質を下げることになるのではないのか、という考え方も可能ではある。[52] 自力では生きられない先天性の疾患を持った赤ん坊を、莫大な医療費を投じて生き長らえさせたとしよう。その子どもがやがて成長しつぎの世代に疾患遺伝子を伝えれば、人類集団はそのリスクを未来永劫抱えることになる。つまりひとりを救った結果、人類集団に拡散した疾患遺伝子のために何千何万という人々がその疾患で苦しむかもしれないのである。

このようなことは自然集団ではありえない。自然集団では、有害な遺伝子は、有害の程度によるが、やがて集団から消失するからである。あるいは日本の国家財政を圧迫しているのは莫大な医療費であろう。そのほとんどは高齢者を対象としたものである。つまり、つぎの世代にあまり貢献しないであろう高齢者を生き延びさせるために、国家を傾けかねないほど無理な予算執行をしているのである。もちろん、これは老人だけの話ではない。一般に医療の目的は個人の救済のためであって、集団の利益に必ずしも寄与するものではない。生物学的な視点から見れば明らかに不合理ではないか。

5・3・3 「生物」から「人間」へ

人間はなぜそのような、生物学的にみれば不合理なふるまいをするのだろう。それが人間性の価値にかなうからだ。病で苦しんでいる子どもを救ったり、無力な老人を延命させたり、目の前にいる病人を救ったりすることは明らかに人間にとって自然な行為である。逆に、生物学的な合理性を推し進め、優生学的な視点から障害者や弱者を集団から排除することは、明確に人間性の価値に反している。

つまり私たちは良い「生物」であることをやめ、良い「人間」であることを選んでいるのである。たとえそれが絶滅への道につながっているとしても。

たとえ自分の子孫を遺せなくても、優れた芸術作品を残した芸術家は永遠に記憶されるだろう。女性の社会進出によって婚期が遅れれば、どう考えても集団遺伝学で言う「適応度」が下がる可能性を否定できないが、有能な女性科学者の仕事が人類社会の有り様を変えるような大発見を導くかもしれない。先進国の多くでは、このような観点から、人間の生物学的価値よりも人間の文化的価値を優先しているのである。こんな「甘っちょろい」考えを自然は許容しないであろうという見方も当然できる。自然の世界を支配しているのは「人間性」ではない。他の現生生物種に比べれば、私たち人類は明らかに新参者で、しかも少数派なのである。自然の世界を支配しているのはむしろ非人間的な、純粋に生物学的な法則である。これは、ある意味皮肉な視点ではあるが、先進国と発展途上国の人口増加率を比較すれば明らかであろう。

進化は無数の試行錯誤の積み重ねである。私たちが進化の袋小路にいるのか、それとも多少は将来のある経路にいるのかはまだわからない。だがこれまで述べてきたことを考えると、人類の未来について明るい希望を持つことはむずかしい。

では私たちはこのまま滅びるしかないのだろうか。実のところ、私たちはその可能性を否定できないと考えている。日々、絶滅してゆく生物種などいくらでもいる。人間という種が、それら絶滅種のひとつになったとしても何の不思議もない。だが人間には文化的な記憶の担い手としての衝動はいまだ強く宿っているようである。人類が滅んだ後、人類文明を受け継ぐ存在はあるだろうか?

5・3・4　人を継ぐもの

ラリルレロボットは、文化的な記憶のひとつである科学技術の結晶である。3・4節で述べたように、ラリルレロボットには明らかに人間や人間の機能の一部を模倣しようという明確な方向性がある。人間は、なぜそのような観点からラリルレロボットを作ろうとするのだろうか？　合理的な観点からいえば、ラリルレロボットは人間の似姿をしている必要はないし、人間的な機能を持つ必要すらない。いや、そもそも人間にとって有用な機械を作るというだけなら、それはラリルレロボットである必要すらない。もっとも機械の大部分はラリルレロボットであるが。

このような観点において、人間がラリルレロボットの意義を理解しはじめたのはつい最近のことである。ロボット工学には、そもそも人間中心主義的な思想が埋め込まれている。ロボット工学は自然科学のように現象そのものから出発した学問ではない。人間中心主義から産まれ、ラリルレロボットを作りたいという人間の盲目的な衝動に支えられた学問なのである。こう言い換えることもできよう。私たちの遺伝情報はそのコピーである子孫遺伝子をのこすという衝動を私たちに与える。しかし私たちの文化的な記憶は、人間性のコピーとしてロボットをのこすための衝動を私たちに与えている。

ロボット工学者の憑かれたような仕事ぶりは、滅びゆく人類がその後継者を必死にのこそうとする健気な試みを彷彿とさせる。だが、現生人類は第一世代のラリルレロボットをのこすことができるとして、つぎの世代のラリルレロボットはどうなるのだろうか。ラリルレロボットも物質的な存在である以上、いつかは擦り切れて機能しなくなってしまう。かれらが永続するためには、「生殖能力」を持つことが必要だろう。もちろん、生殖能力といっても人間のように遺伝情報を次世代に伝えるためだけのものではない。ラリルレロボットは生物の持つ「遺伝情報」に類似した「デジタル情報」を持ち、それを次世代に伝え、また集団内に拡散するために存在することになる。ラリルレロボットの生殖は、他のラリルレロボットとのデジタル情報の交換や組み換えであり、次世代へのデジタル情報伝達手段としての自己複製能力である。そうして初めて、人類亡きあと、ラリルレロボットが人間の築き上げたこれまでのすべての文化遺産の担い手になるのではないだろうか。

人間のいなくなった廃墟のような世界を、ピクサー映画に出てくる「ウォールE」のようなラリルレロボットがゴミ収集をするような未来ではなく、ラリルレロボットが「人を継ぐもの」として繁栄し、また進化する未来の方に現実味があるのかもしれない。

ここで、本書の3・5節でも論じた「不老不死」を、概念的にきちんととらえておく必要がある。「すべての生物は老いていつか必ず死ぬ。人は生物である。したがってすべての人間は老いていつか必ず死ぬ」という三段論法を考えたとしよう。たしかに二段目は正しいのだが、第一段目は必ずしも正しくはない。

私たちは「すべての人間は老いていつか必ず死ぬ」という現実を受け入れているが、「すべての生物は老いていつか必ず死ぬ」わけではない。単細胞生物は分裂と遺伝情報の交換を繰り返し生き続けるという意味で不死である。もっとも、細胞が分裂する前にひからびてしまえば、死が訪れるが。そして私たちの生殖細胞は四〇億年前の原初の生命と一本の系統でつながっている。つまり私たちの生殖細胞系列も、とぎれるまでずっと子孫を生み続けることができるのだ。

正確にいえば物質のターンオーバーがあるので元の「細胞」をそのまま保ち続けているわけではな

いともいえるが、それは生物一般の特徴である。私たちの素朴な認識とは異なり「すべての生物は老いていつか必ず死ぬ」わけではない。

このように考えると、結局生命の本質は情報であって、物質として生物は遺伝情報の乗り物でしかないと考えるのが自然である。もしくは、生物というのは分子レベルの機械なのであって、遺伝情報に従った崩壊と再構成という分子レベルのターンオーバーのために、いつまでも擦り切れないで機能できるという言い方もできよう。

一方、どんな頑丈な人工の機械も一〇〇年間動かし続けることはむずかしい。現在の技術で作成されるラリルレロボットでは、人間よりも長い寿命を保つことはきわめて困難だろう。

私たちの素朴な感覚に反して、「不老不死」なのは機械であるラリルレロボットの方ではなく、生物の方であるという見方もありうるだろう。

だが、ここで重要なのは、ひろい意味での生殖系列が、集団の多様性と連続性を武器に事実上の不老不死を実現しているのに対して、多細胞性生物における個体には、私たちが普段認識しているように明確に老化と死が待ち受けているということである。にもかかわらず、人類の文化的な記憶は、集団としての生物ではなく、個人の頭脳に宿るという皮肉な事実がある。

つまり私たちが「不老不死」と呼んでいるのは、かなり狭い意味の個体レベルの現象を指していて、しかも人間個人の自意識と結びついた概念であるということになる。ここでは、人間の持つ一世代限りの自意識のことを議論しているのであるから、この観点からいえば、「すべての人間は老いていつか必ず死ぬ」という言説は正しいのである。

機械であるラリルレロボットは自分を作成するための一連のデジタル情報をつぎの世代にコピーできるという点で、人間に対する絶対的な超越性がある。それが可能であれば、ラリルレロボットは彼らを最初に作り出した人間の後継者として、末永く続く存在という、あたかも「不老不死」に似た状況を作り出すことができるだろう。

この超越性は、人間はもちろん、どんな生物も持ち合わせていない。この超越性を持つロボットを作りたいという衝動は、突き詰めれば私たちの遺伝情報のどこかにコードされているのかもしれない。そして人間を反生物学的な行動に走らせ、自滅への道に追いやっている衝動も、遺伝情報のどこかにコードされている、という可能性すら存在する。もしそうであれば、人類を継ぐ者ないしモノがラリルレロボットであることは、進化的な必然だという考えにもつながってくる。そう考えると、少子高齢化さえも人間にとって必然なのであって、私たちは静かに人類史の幕引きの準備をしているということになる。だがそれは決して人類文明の終焉を意味するのではなくて、人間のつぎに来る「人を継ぐ者」としての、ラリルレロボットの苗床となっているという、荒唐無稽と言われそうな夢想につながってゆくのである。

人間は高い言語能力とコミュニケーション能力を獲得することで文化的記憶を手に入れた。人間の一見自滅的ともいえなくもない運命は、解剖学的現代人（いわゆる新人）が文化的記憶によって競争相手のネアンデルタール人を出し抜いた瞬間に、もう決まっていたのかもしれない(53)。

あとがき

私と斎藤先生との付き合いは長い。いつのまにか四半世紀を越えてしまった。斎藤先生と初めてお会いしたのは、私が放送大学在学中のことである。当時斎藤先生は、国立遺伝学研究所の新進気鋭の助教授だった。そのころ私は学術の世界に身を投じようとは考えていず、マンガ家か脚本家になろうと思っていた。学問の世界に入るにあたって、私の背中を一番強く押していただいたのが斎藤先生である。

斎藤先生には放送大学の卒業論文の指導をしていただいたあと、大学院への進学を強く勧められた。情報科学の修士号を取得後、総合研究大学院大学の博士課程に入学し、一九九九年に日本を離れるまで斎藤先生の薫陶を（徹底的に）受けることになった。

その後現在の理化学研究所に赴任するまでの二年間、ポストドクターとして斎藤研でお世話になった。結局、通算一〇年近く斎藤先生のもとにいたことになる。

控えめにいっても、この四半世紀のあいだに私たちの世界は大きく変容した。いわゆる情報革命の波が社会の隅々にまで浸透し、好むと好まざるとにかかわらず私たちの世界を作り変えていった。一九九三年に本格的なウェブブラウザが開発され、インターネットが一般社会に解放されたのち、政治・経済・軍事を含むさまざまな分野でドミノ倒しのように「革命」が起きるのにそう時間はかからなかった。

それは文字通りの意味で「革命」だった。「コト」の世界の旧秩序が崩壊し、新しい世界に適応できない人々は淘汰されていった。一方で、先見の明のある人々は新時代の空気を謳歌した。二〇世紀最後の五年間、そのような人々にとって「コト」の世界はある種の解放区といってよかったかもしれない。だれも律することのない(できない)混沌とした新世界で、国境や文化の壁は意味を失った。ある意味において、だれでも対等な立場に立てるようになった。この時点で「コト」の世界は一度リセットされた、といったらすこし大袈裟だろうか。

二一世紀に入ってまもなく、米国で起きた同時多発テロをきっかけに世紀末の天真爛漫な空気は一掃され、新秩序の構築が一気に進んだ。自由な空気が希釈される一方で、新しい情報革命の波が繰り返し社会を席巻した。二〇〇七年にアップル社の iPhone が登場すると、爆発的な普及を見せた。スマートフォンは人々が新秩序の一員となるための必需品となり、消費者は先を争ってこの新しい「電話」を手に入れようとした。その市場をめぐって多くの企業が今日に至るまで血みどろのシェア争いを繰り広げていることは、みなさんもご存知の通りである。

米国の学生が考案したソーシャルネットワークは、仮想空間にもうひとつの「社会」を誕生させた。

一見、それは二〇世紀末に奇跡的に存在した「解放区」の再来のようにも見えた。彼はたちどころに巨万の富を得て、「コト」の世界の皇帝となった。驚くべきことに、彼の作り上げた仮想社会は、世界でもっとも強大な力を持つ超大国の行方に決定的な影響を与えた。一体だれがこのような世界の到来を予想したろうか。

華やかな情報革命の一方で、「モノ」の世界でも静かに変化が起こっていた。

コト＝情報は、物理的な出力手段を持たなければ、ただの抽象的な概念にすぎない。かつて「コト」を現実世界に発現させる特権は、人間のみに与えられていた。ところが情報技術とロボティックスの融合によって、「コト」の世界は物理的に現実世界に干渉するための手段を獲得した。さらに最新のロボティックスは、視覚、聴覚、そして触覚を「コト」の世界にもたらし、仮想空間の情報は人間を迂回して物理世界と接触できるようになった。「コト」と「モノ」が融合を始めたのである。

ラリルレロボットたちは、いわばその尖兵である。私たちの気づかないうちに、彼らは私たちの身の回りにあふれている。地球上に存在するCPUの数と人間の数とどちらが多いのか、私は正確な知識を持ち合わせていない。だが、あなたが普段持ち歩いているモノに複数のCPUが入っていることは賭けてもよい。そして、今この瞬間もラリルレロボットたちが、あなたの身の回りで黙々と仕事をこなしている。ひょっとすると、地球上のラリルレロボットの数は、すでに人間の人口を凌駕しているかもしれないのだ。

一方で、「あなた」という存在自体もラリルレロボットと無縁ではいられないかもしれない。

本書では詳しく触れる機会はなかったが、機械と人間を神経結合する技術なども含め、「主観」と

「客観」の境界を曖昧にしてしまうような技術はすでに存在する。たとえば睡眠中の脳をスキャンすることにより、夢を視覚化するような技術である。そのような技術が今後発展してゆけば、人間の意識をロボットに宿らせることも可能なるかもしれない。もちろん、人間性を侵襲的に変えてしまうような技術の是非は、倫理的な側面から慎重に議論されるべきだろう。だが工学技術の本質が人間の持つ機能を「外部化」することにあると考えると、意識そのものを外部化することをいたずらにタブー視する必要はないようにも思える。

あまりに巨大な波に飲み込まれようとしているとき、私たちはその波の存在に気づかないことが多い。その波が巨大であればあるほど、海は凪いでいるようにも見えるからである。

情報革命に比べて「モノ」の世界の革命が遅れているように見えるのは、「モノ」を「コト」のように自由自在に扱うための技術がまだ未成熟だからである。だがやがて「モノ」の世界の技術的特異点（シンギュラリティ）は、「コト」と同様に必ず訪れる。そのとき、今まで想像したこともないような巨大な波がやって来るのかもしれない。

私たちは、生物の宿命として簡単に擦り切れてしまう「モノ」としての肉体を持っている。そして私たちは死ぬまでこのかよわい肉体から抜け出すことはできない。私たちの意識は、情報革命により格段に拡張されたが、「モノ」としての肉体の方は人類の誕生以来大きく変わっているわけではない。いうまでもなくそれは、私たちの持つ遺伝情報という「コト」が簡単には変わらない（進化しない）からである。

その一方で、その肉体の機能を拡張するモノとして、ラリルレロボットがその存在感を増しつつあるのである。

本書で紹介したように、医療や介護はいうに及ばず、教育、交通、そして娯楽に至るまで、ラリルレロボットの活用例は枚挙にいとまがない。彼らの存在なしで、私たちが今日の生活水準を維持することは不可能だろう。私たちがラリルレロボットの特性を正しく理解した上で、賢くつきあうことができれば、私たちは幸福な共存関係を築くことができるはずである。

個人的には、この本はロボティックスの分類学という性格も持っていると思う。しかし、同時にラリルレロボットたちの系統学の本であるかもしれない。より原始的なラボットから、リルレボットを経て、人間と同じような似姿を持つロボットへの系統学である。

それは人間という生物種が、憑かれたようにラリルレロボットを創り続けたこの一世紀ほどの科学技術の系譜とも呼応しているように思える。どうも人間は、自分自身を代替できる人工物を生み出すことに執心しているように筆者には思える。この人間の強迫観念に悲観的な人類文明の終焉を見出すのか、それとも希望に満ちたまったく新しい人間の未来を見出すのかについては、読者の判断に委ねたいと思う。

なお、本書の執筆にあたっては、あくまで非専門家としての視点を大事にしようと斎藤先生と話し合っていた。専門家による著作はこの世にあふれているし、この本においては自然科学の研究者である著者独自の視点を主軸に据えたかったからである。しかしながら、私自身は何人かの著名なロボティックス研究者との議論を通して、ある種のヒントをいただいたのも事実である。そのことに触れないでおくことは公正さを欠くであろう。

東京大学大学院理工学系研究科の中村仁彦先生とは、特に進化学についての議論を通して多くの示唆をいただいた。ミュンヘン工科大学の Alois Knoll 先生の（ときに辛辣な）社会批評からは、ロボティックスと社会の関係について考える機会をいただいた。カールスルーエ工科大学の Rüdiger Dillmann 先生からは神経ロボティックス研究の本流についての知識を授けていただいた。

産業技術総合研究所の吉田栄一先生からは日本の最先端のヒューマノイドロボットについての状況について生の情報をいただいた。また同人間拡張センター・センター長の持丸正明先生からは人間拡張という概念を通して、人間と機械の根本的な関係についての議論をさせていただいた。同ロボットイノベーション研究センター・センター長の比留川博久先生からは、「ロボティックの本質は表面的な技術よりもビジョンである」という実に含蓄のある言葉をいただいた。

さらに若手研究者の鮎澤光・村井昭彦両研究員からは、忌憚ない意見交換を通してロボティックスの未来について深い議論をさせていただいた。この場を借りてお礼をさせていただきたい。

また、斎藤先生が私の恩師であることは冒頭に述べた通りだが、私がこの本を執筆するに至るまでに多くの方にお世話になっている。とても全員の名前を挙げることはできないのだが、放送大学時代の恩師毛利秀雄先生、私を斎藤先生に紹介してくださった石和貞男先生、私に科学的な思考を注入していただいた堀田凱樹先生、北陸先端科学技術大学院大学の恩師國藤進先生、シカゴ大学時代の恩師 Wen-Hsiung Li 先生、私が理化学研究所筑波研究所にいたときの上司だった故深海薫先生と故森脇和郎先生の名前は挙げさせていただきたい。多かれ少なかれ、この本に書いた内容は諸先生方の影響下にある。

また、私が若年の折、映画「紅い眼鏡」の現場でお世話になった押井守氏と伊藤和典氏には、ビジョナリーとしての敬意を払いたい。よもや両氏の作品に登場するパワードスーツが、彼らの描写したような形で現実のものになるとは、当時思いもしなかった。

実は本書の執筆にあたって、斎藤先生から膨大な量の資料をいただいているのだが、私は意図的にそれらの著作からの引用は避けるようにした。私があまり器用な書き手ではないということもあるのだが、あえて斎藤節に乗らない方が、荒削りでも個性的な共著になるだろうと信じたからである。そのため担当箇所によってかなり毛色が異なっていると感じられるかもしれない。このあたりは、斎藤先生の元学生としての苦渋の判断であり、ご理解いただければさいわいである。

この本は斎藤先生と私の共有した激動の四半世紀を受けて書かれたものである。つぎの四半世紀に何が起こるのか予想することはむずかしいが、本書が私たちを待ち受ける未来の一端でも示唆できることを願っている。

太田聡史

令和元年一二月二五日

謝　辞

この本の執筆に際しては、理化学研究所（理研）と産業技術総合研究所（産総研）の共同プロジェクトである理研‐産総研チャレンジ研究「運動による遺伝情報制御の解明と応用——仮想現実とロボティクスの融合による高度高齢化社会支援の社会実装」の成果の一部を紹介させていただいています。このプロジェクトの推進に事務方として尽力されている理研の山岸卓視氏と産総研の古嶋亮一氏に感謝します。また、松本洋一東京理科大学学長（元理研理事）、小寺秀俊理研理事、理研ロボティックスプロジェクトを率いられている美濃導彦理研理事、そして理研‐産総研チャレンジプロジェクトを立ち上げられた松本紘理研理事長と中鉢良治産総研理事長にお礼を申し上げます。

著者略歴

斎藤成也（さいとう　なるや）

1957年　福井県に生まれる

1979年　東京大学理学部卒業

1986年　テキサス大学ヒューストン校大学院修了（Ph. D.）

現　職　国立遺伝学研究所教授．総合研究大学院大学生命科学研究科教授，東京大学大学院理学系研究科教授，琉球大学医学部特命教授を兼任

著　書　『遺伝子は35億年の夢を見る』（大和書房，1997年）

『DNAから見た日本人』（ちくま新書，2005年）

『ゲノム進化学入門』（共立出版，2007年）

『自然淘汰論から中立進化論へ』（NTT出版，2009年）

『ダーウィン入門』（ちくま新書，2011年）

『日本列島人の歴史』（岩波ジュニア新書，2015年）

『歴誌主義宣言』（ウェッジ，2016年）

『核DNA解析でたどる日本人の源流』（河出書房新社，2017年）

Introduction to Evolutionany Genomics 2nd ed.（Springer, 2018）ほか

太田聡史（おおた　さとし）

1961年　茨城県に生まれる

1993年　放送大学教養学部卒業

1995年　北陸先端科学技術大学院大学博士前期課程修了

1998年　総合研究大学院大学博士課程修了　博士（理学）

現　職　理化学研究所専任研究員

著　書　『ビッグデータ時代のゲノミクス情報処理』（共著，コロナ社，2014年）

Dance Notations and Robot Motion（共著，Springer, 2015年）

主論文　"Phylogenetic relationship of muscle tissues deduced from superimposition of gene trees"（共著，*Molecular Biology and Evolution*, Vol. 16(6), 1999年）

"A new framework for studying the isochore evolution"（共著，*Genome Biology and Evolution*, vol. 2, 2010年）ほか

索　引

ア　行

カ　行

サ　行

タ　行

ラ　行

ワ　行

アルファベット

注

第0章

(1) 日本工業規格「ロボット及びロボティックデバイス—用語」.
http://kikakurui.com/b0/B0134-1998-01.html
(2) JISHA 中央労働災害防止協会安全衛生情報センター「労働安全衛生規則 第一編 第四章 安全衛生教育（第三十五条－第四十条の三）」.
https://www.jaish.gr.jp/anzen/hor/hombun/hor1-2/hor1-2-1-1h4-0.htm#4-36-1-31
(3) NEDO 国立研究開発法人新エネルギー・産業技術総合開発機構「NEDO ロボット白書 2014」. http://www.nedo.go.jp/library/robot_hakusyo.html
(4) ロボット政策研究会「ロボット政策研究会 報告書～RT 革命が日本を飛躍させる～」.
https://www.jara.jp/various/report/img/robot-houkokusho-set.pdf#search=%27%E3%83%AD%E3%83%9C%E3%83%83%E3%83%88%E6%94%BF%E7%AD%96%E7%A0%94%E7%A9%B6%E4%BC%9A+%E5%A0%B1%E5%91%8A%E6%9B%B8%27
(5) 梅谷陽二（2005）ロボットの研究者は現代のからくり師か？ オーム社.
(6) カレル・チャペック著，千野栄一訳（1989）ロボット．岩波文庫.
(7) 歌詞については以下を参照．Uta-Net「ラリルレロボット」.
http://www.uta-net.com/song/28770/
(8) Saitou, N.（2019）Proposal of five categorization of robots in broad sense. *Anthropological Science* (in press).

第1章

(1) Saitou, N.（2019）Proposal of five categorization of robots in broad sense. *Anthropological Science* (in press).
(2) 馬場伸彦（2004）序章「ロボットとの共生社会に向けて」. 馬場伸彦編『ロボットの文化誌』森話社，pp. 12–29.
(3) SONY「aibo」. http://www.sony.jp/products/Consumer/aibo/
(4) 早稲田大学ヒューマノイド研究所「WABOT -WAseda roBOT-」.

http://www.humanoid.waseda.ac.jp/booklet/kato_2-j.html
(5) LEXICO「bot」. https://en.oxforddictionaries.com/definition/bot
(6) IT 用語辞典 e-Words「ボット」. http://e-words.jp/w/ボット.html
(7) 斎藤成也（1999）生命現象の二面性――モノとコト. FINPED, 91 号, pp. 31-4.
http://www.saitou-naruya-laboratory.org/assets/files/Saitou_1999_FINIPED.pdf
(8) SIENCE TOYS STARKIDS「平和鳥物語」.
https://www.sciencetoys.jp/products/detail.php?product_id=54
(9) SONY「Felica」. http://www.sony.co.jp/Products/felica/
(10) SONY「Felica NFC の定義」.
https://www.sony.co.jp/Products/felica/NFC/
(11) SPHELAR POWER「スフェラー®とは」.
http://sphelarpower.jp/technology/
(12) ROBOCON. http://www.official-robocon.com
(13) NEDO, 実用化ドキュメント「階段やがれきのある災害現場で高い走行性能を発揮するレスキューロボット」.
http://www.nedo.go.jp/hyoukabu/articles/201206it_chiba/index.html
(14) SEGWAY Japan. http://www.segway-japan.net
(15) ゆりかもめ. http://www.yurikamome.co.jp
(16) CYBERDYNE「What's HAL®?」.
https://www.cyberdyne.jp/products/HAL/
(17) cf. 小林宏（2006）ロボット進化論. オーム社.
(18) iRobot. https://www.irobot-jp.com
(19) 福井県立恐竜博物館. https://www.dinosaur.pref.fukui.jp
(20) 福井県「福井駅「恐竜広場」のご案内」.
http://www.pref.fukui.lg.jp/doc/brandeigyou/plaza.html
(21) 変なホテル ハウステンボス. http://www.h-n-h.jp
(22) CNET Japan. Burton, B.（CNET News）「「変なホテル」, ロボット従業員の半数を "リストラ"」. https://japan.cnet.com/article/35131594/
(23) 大阪大学大学院基礎工学研究科石黒研究室.
http://www.irl.sys.es.osaka-u.ac.jp
(24) HONDA「ASIMO」. http://www.honda.co.jp/ASIMO/
(25) Boston Dinamics, "Atlas The World's Most Dynamic Humanoid". http://www.bostondynamics.com/robot_Atlas.html
(26) cf. 斎藤成也編著（2009）絵でわかる人類の進化. 講談社.

第2章

(1) NASA Jet Propulsion Laboratory, “Voyager”. https://voyager.jpl.nasa.gov

(2) cf. WIRED. Beiser, V.「すべては「ロボットをつくる」ことから始まる――福島第一原発，廃炉に挑む人々の苦闘」.
https://wired.jp/2019/03/11/fukushima-robot-cleanup/

(3) cf. 大野秀敏・佐藤和貴子・齊藤せつな (2015)〈小さい交通〉が都市を変える：マルチ・モビリティ・シティをめざして. NTT 出版.

(4) cf. JPEA 太陽光発電協会「太陽光発電のしくみ」.
http://www.jpea.gr.jp/knowledge/mechanism/index.html

(5) cf. Sustainable Japan「Study【エネルギー】太陽熱発電の技術の進歩と普及の可能性」.
https://sustainablejapan.jp/2015/04/01/concentrated-solar-power/14761

(6) cf. JSWTA 日本小型風力発電協会. https://www.jswta.jp

(7) cf. J-WatER 全国小水力利用推進協議会「小水力発電とは」.
http://j-water.org/about/

(8) cf. JSA 一般社団法人浄化槽システム協会「浄化槽のしくみ」.
http://www.jsa02.or.jp/01jyokaso/01_1a.html

(9) cf. シップスレインワールド株式会社. http://www.rainworld.jp

(10) cf. ビックカメラ. com「選びのポイント 防犯カメラの選び方」.
http://www.biccamera.com/bc/c/life/surveillance/index.jsp

(11) cf. セキュリティ産業新聞「イギリス・ロンドン市における防犯カメラの現状について」.
http://www.secu354.co.jp/contents/seminar/08/seminar-081010-4.htm

(12) cf. エドワード・スノーデン (2017) スノーデン 日本への警告. 集英社新書.

(13) YouTube. Prazza Golf Ball Finder, “Prazza Golf Ball Finder REAL-TIME AND UNCUT! Prazza locates lost ball in thick forest...”.
https://www.youtube.com/watch?v=vgHupF7PCSA

(14) cf. COMTEC co.LTD「商品の紹介ページ」.
https://comtec-co.jimdo.com/ショップ/

(15) 弘兼憲史 (2016) 会長島耕作第7巻. 講談社.

(16) cf. ビジネス＋IT. 寺尾淳「ドローンの次は「飛行船」「気球」がくる理由」. http://www.sbbit.jp/article/cont1/32378

(17) cf. Newsweek 日本版. ミレン・ギッダ「中国式ネット規制強化で企業情報がダダ漏れの予感」.

http://www.newsweekjapan.jp/stories/world/2017/06/post-7774.php
(18) cf. SAFEYON. Koike, S.「増加する山岳遭難者を救助するためには？」. https://safetyon.wordpress.com/2012/12/11/増加する山岳遭難者を救助するためには？/
(19) 社会福祉法人日本盲人会連合「点字ブロックについて」. http://nichimou.org/impaired-vision/barrier-free/induction-block/
(20) cf. NAVAR まとめ.「意外な危険…点字ブロックがバリアになる話」. https://matome.naver.jp/odai/2142226251212141101
(21) cf. 内閣府「平成 25 年版 障害者白書（全体版）8 障害児・者数の状況」. http://www8.cao.go.jp/shougai/whitepaper/h25hakusho/zenbun/furoku_08.html
(22) SONY「Felica」. http://www.sony.co.jp/Products/felica/
(23) cf. 乗りものニュース. 恵知仁「電車のきっぷを QR コード化 そのメリットは」. https://trafficnews.jp/post/41102/
(24) Villeneuve, D. (2017) "Blade Runner 2049". Warner Bros.「ブレードランナー 2049」. http://www.bladerunner2049.jp
(25) Softbank「ロボット」. https://www.softbank.jp/robot/
(26) 変なホテル 舞浜東京ベイ. http://www.hennnahotel.com/maihama/
(27) cf. DIAMOND online. 森山真二「無人コンビニ「Amazon Go」は日本の流通業界を席巻するか」. http://diamond.jp/articles/-/114392
(28) cf. YouTube. フルーツペン「【大手 2 社】お風呂が沸いたときの音！」. https://www.youtube.com/watch?v=ugPpbYH3zDQ
(29) 厚生労働省「厚生労働白書」. https://www.mhlw.go.jp/toukei_hakusho/hakusho/
(30) cf. DIAMOND online. 野口悠紀雄「製造業の雇用は減少するが労働力人口の減少はもっと大きい」. http://diamond.jp/articles/-/15115
(31) cf. 日本商工会議所. 日本商工会議所産業政策第二部「人手不足等への対応に関する調査」集計結果. http://www.jcci.or.jp/mpshortage2017.pdf
(32) Luo, R. C. and Perng, Y. W. (2011) Advances of Mechatronics and Robotics. *IEEE Industrial Electronics Magazine*, vol. 5, no. 3, pp. 27–34.
(33) cf. 自動車技術ハンドブック編集委員会 (2006) 自動車技術ハンドブック 8：生産・品質編, 自動車技術会.
(34) Chaplin, C. (1936) "Modern Times". United Artists.
(35) cf. BUSSINESS INSIDER. Garfield, L., "7 companies that are replacing human jobs with robots".
http://www.businessinsider.com/companies-that-use-robots-instead-of-humans-

2016-2
(36) cf. IEEE SPECTRUM. Strickland, E., "Autonomous Robot Surgeon Bests Humans in World First".
https://spectrum.ieee.org/the-human-os/robotics/medical-robots/autonomous-robot-surgeon-bests-human-surgeons-in-world-first
(37) cf. WIRED. Kravets, D., "JAN. 25, 1979: ROBOT KILLS HUMAN".
https://www.wired.com/2010/01/0125robot-kills-worker/
(38) cf. Tiemerding, T. and Fatikow, S. (2018) Software for Small-scale Robotics: A Review. *International Journal of Automation and Computing,* vol. 15, no. 5, pp. 515–24.
(39) cf. Magrini, E., Flacco, F., and Luca, A. D. (2015) "Control of generalized contact motion and force in physical human-robot interaction," in 2015 IEEE International Conference on Robotics and Automation (ICRA), pp. 2298–304.
(40) Chandrasekaran, B. and Conrad, J. M. (2015) "Human-robot collaboration: A survey," in SoutheastCon 2015, pp. 1–8.
(41) KUKA, "Discover the diversity of KUKA".
https://www.kuka.com/en-de
(42) phys.org. "Toyota showcases humanoid robot that mirrors user".
https://phys.org/news/2017-11-toyota-showcases-humanoid-robot-mirrors.html
(43) cf. 京都大学・日本アイ・ビー・エム株式会社「京都大学医学部附属病院の新総合医療情報システムが本格稼働開始」.
http://www-06.ibm.com/jp/press/2011/09/1401.html
(44) cf/ 独立行政法人労働者健康安全機構熊本労災病院「集中治療部(ICU)」. http://kumamotoh.johas.go.jp/diagnosis/37icu/
(45) cf. OLYMPUS CORPORATION「内視鏡の起源」.
http://www.onaka-kenko.com/endoscope-closeup/endoscope-history/eh_01.html
(46) cf. Wikipedia, The Free Encyclopedia. "Al-Zahrawi".
https://en.wikipedia.org/w/index.php?title=Al-Zahrawi&oldid=812593215
(47) cf. 酒井シヅ (1982) 導光器を発明したフィリップ B ボッチーニ. 検査と技術, vol. 10, p. 534.
(48) cf. 大塚俊哉 (2000) 低侵襲心臓外科手術:歴史的背景, 現状, 将来とロボティクスの応用. 日本ロボット学会誌, vol. 18, pp. 12–5.
(49) cf. OLYMPUS CORPORATION「内視鏡の先端技術」.

http://www.onaka-kenko.com/endoscope-closeup/endoscope-technology/
(50) Fleischer, R. (1966) "Fantastic Voyage". 20th Century Fox.
(51) cf. OLYMPUS CORPORATION「カプセル内視鏡」.
http://www.onaka-kenko.com/endoscope-closeup/endoscope-technology/et_06.html
(52) cf. Lanfranco, A. R., Castellanos, A. E., Desai, J. P. and Meyers, W. C. (2014) Robotic surgery: a current perspective. *Annals of Surgery,* vol. 239, pp. 14-21.
(53) cf. Lacadie, C. M., Fulbright, R. K., Rajeevan, N., Constable, R. T. and Papademetris, X. (2008) More accurate Talairach coordinates for neuroimaging using non-linear registration. *Neuroimage,* vol. 42, pp. 717-25.
(54) 旭雄士・林央周・浜田秀雄・高正圭・高嶋修太郎・田口芳治・道具伸浩・田中耕太郎・遠藤俊郎 (2009) 定位・機能神経外科手術. 富山大医学会誌, 20(1), pp. 7-10.
(55) Dagi, T. F. (2010) Stereotactic surgery. *Neurosurgery Clinics of North America,* vol. 12, pp. 69-90, viii.
(56) cf. Deshpande, N., Mattos, L. S., and Caldwell, D. G. (2015) "New motorized micromanipulator for robot-assisted laser phonomicrosurgery," in 2015 IEEE International Conference on Robotics and Automation (ICRA), pp. 4755-60.
(57) cf. Karas C. S. and Chiocca, E. A. (2007) Neurosurgical robotics: a review of brain and spine applications. *Journal of Robotic Surgery,* vol. 1, pp. 39-43.
(58) cf. Hockstein, N. G., Gourin, C. G., Faust, R. A. and Terris, D. J. (2007) A history of robots: from science fiction to surgical robotics. *Journal of Robotic Surgery,* vol. 1, pp. 113-8.
(59) cf. Neuroinfo Japan 脳神経外科疾患情報ページ「開頭手術」.
https://square.umin.ac.jp/neuroinf/cure/004.html
(60) cf. CNN BUSINESS. Yurieff, K., "New robotic drill performs skull surgery 50 times faster".
http://money.cnn.com/2017/05/01/technology/robotic-drill-surgery/index.html?iid=ob_homepage_tech_pool
(61) Anderson, M. (1976) "Logan's Run". United Artists.
(62) cf. BBC NEWS. "Robotic surgery linked to 144 deaths in the US".
https://www.bbc.com/news/technology-33609495
(63) cf. NIKKEI ASIAN REVIEW. Nakajima, S. "Japan develops robot 'pa-

tients' for medical research and training".
https://asia.nikkei.com/Tech-Science/Tech/Japan-develops-robot-patients-for-medical-research-and-training

(64) cf. Ishii, H., Ebihara, K., Segawa, M., Noh, Y., Sato, K. Takanishi, A. et al. (2012) Development of Humanoid for Airway Management Training; WKA-4—Design of Mechanism to Reproduce Difficult Airway—. *Journal of the Robotics Society of Japan,* vol. 30, pp. 91–8.

(65) cf. TechCrunch. Toto, S. "Video: Super-Realistic Dental Training Humanoid "Simroid" ".
https://techcrunch.com/2011/11/24/dental-training-humanoid-simroid/

(66) cf. 厚生労働省．第 1 回福祉人材確保対策検討会（H26. 6. 4）資料 2「介護人材の確保について」.
https://www.mhlw.go.jp/file/05-Shingikai-12201000-Shakaiengokyokushougaihokenfukushibu-Kikakuka/0000047617.pdf

(67) cf. Canon「日本のものづくりの状況や課題」.
http://cweb.canon.jp/solution/biz/trend/001.html

(68) cf. 日本経済新聞，2017 年 8 月 9 日「すかいらーく，サイドメニュー値上げ　人件費上昇で 10 月から」.

(69) cf. 厚生労働省「平成 28 年簡易生命表の概況」.
http://www.mhlw.go.jp/toukei/saikin/hw/life/life16/index.html

(70) cf. the japan times. Johnston, E., "Is Japan becoming extinct?".
https://www.japantimes.co.jp/news/2015/05/16/national/social-issues/japan-becoming-extinct/#.WmcjIyOmrOQ

(71) cf. BUSINESS INSIDER. Weller, C. "9 signs Japan has become a 'demographic time bomb'".
http://www.businessinsider.com/signs-japan-demographic-time-bomb-2017-3

(72) cf. INDEPENDENT. Batchelor, T. "Japan's Prime Minster Shinzo Abe refuses to relax immigration rules despite shrinking population".
http://www.independent.co.uk/news/world/asia/japan-immigration-shinzo-abe-refuse-relax-rules-prime-minister-policy-shrinking-population-foreign-a8065281.html

(73) cf. Bloomberg Opinion. Moss, D. "Aging Japan Wants Automation, Not Immigration".
https://www.bloomberg.com/opinion/articles/2017-08-22/aging-japan-wants-automation-not-immigration

(74) 象印マホービン株式会社「みまもりほっとライン」.

http://www.mimamori.net/campaign/
(75) e.g. 安全対策.com.「月々の管理費不要，一人暮らし高齢者安否確認システム」. http://www.anzentaisaku.com/anpikakunin/index.htm
(76) e.g. SOLXYZ「センサーによる見守り支援システム いまイルモシリーズ」. https://www.imairumo.com/
(77) cf. 産業技術総合研究所「人の動きや呼吸を見守る静電容量型フィルム状近接センサー」.
http://www.aist.go.jp/aist_j/press_release/pr2016/pr20160125/pr20160125.html
(78) cf. Leibbrandt, W. (2011) "Smart living in smart homes and buildings," in 2011 IEEE Technology Time Machine Symposium on Technologies Beyond 2020, pp. 1-2.
(79) cf. Youtube. Digital Single Market, "Nonna Lea and a robot called Mr. Robin". https://youtu.be/9pTPrA9nH6E
(80) cf. Okamura, E. and Tanaka, F. (2016) "A pilot study about remote teaching by elderly people to children over a two-way telepresence robot system," in 2016 11th ACM/IEEE International Conference on Human-Robot Interaction (HRI), pp. 489-90.
(81) cf. Tsai, T. C., Hsu, Y. L., Ma, A. I., King, T. and Wu, C. H. (2007) Developing a telepresence robot for interpersonal communication with the elderly in a home environment. *Telemedicine Journal and e-Health,* vol. 13, no. 4, pp. 407-24.
(82) cf. Korchut, A. et al. (2017) Challenges for Service Robots-Requirements of Elderly Adults with Cognitive Impairments. *Frontiers Neurology,* vol. 8, p. 228.
(83) cf. Computers and Robots: Decision-Makers in an Automated World. Charova, K., Schaeffer, C. and Garron, L., "Robotic Nurses".
https://cs.stanford.edu/people/eroberts/cs201/projects/2010-11/ComputersMakingDecisions/robotic-nurses/index.html
(84) cf. Mail Online. Gray, R. "Dawn of the ROBO-NURSE: Toyota droid can fetch and carry medication, water and even the TV remote for patients". http://www.dailymail.co.uk/sciencetech/article-3179846/Dawn-ROBO-NURSE-Toyota-droid-fetch-carry-medication-water-TV-remote-patients.html
(85) cf. 政府統計の総合窓口 e-Stat 統計で見る日本「平成 28 年国民健康・栄養調査」.
https://www.e-stat.go.jp/stat-search/files?page=1&layout=datalist&toukei=

00450171&tstat=000001041744&cycle=7&tclass1=000001111535&second2=1
(86) cf. Archibald, M. M. and Barnard, A. (2018) Futurism in nursing: Technology, robotics and the fundamentals of care. *Journal of Clinical Nursing,* vol. 27, no. 11–12, pp. 2473–80.
(87) cf. EXTREME TECH. Rose, J., "This autonomous medical robot can assist nurses".
https://www.extremetech.com/extreme/207130-terapio-autonomous-medical-robot-can-assist-nurses
(88) cf. Goher, K. M., Mansouri, N. and Fadlallah, S. O. (2017) Assessment of personal care and medical robots from older adults' perspective. *Robotics and Biomimetics,* vol. 4, no. 1, p. 5.
(89) cf. Oota, S. et al. (2018) "Neurorobotic approach to study Huntington disease based on a mouse neuromusculoskeletal model," presented at the The 2018 IEEE/RSJ International Conference on Intelligent Robots and Systems (IROS 2018), Madrid, Spain.
(90) cf. Cinel, C., Valeriani, D. and Poli, R. (2019) Neurotechnologies for Human Cognitive Augmentation: Current State of the Art and Future Prospects. *Frontiers in Human Neuroscience,* vol. 13, p. 13.
(91) Oota, S., Murai, A. and Mochimaru, M. (2019) "Lucid Virtual/Augmented Reality (LVAR) Integrated with an Endoskeletal Robot Suit: StillSuit --- A new framework for cognitive and physical interventions to support the ageing society," in the First IEEE VR Workshop on Human Augmentation and Its Applications/co-located with IEEE VR 2019, OSAKA (in press).
(92) アイザック・アシモフ著，小尾芙佐訳．(2004) われはロボット．ハヤカワ文庫．
(93) cf. Heath, T. L. (1897) *The Works of Archimedes.* Cambridge University Press.
(94) cf. 岩明均 (2002) ヘウレーカ．白泉社．
(95) cf. Holdren, J. P. et al. (1986) *Nuclear Weapons and the Future of Humanity: The Fundamental Questions.* Rowman & Littlefield Publishers.
(96) cf. Wikipedia, The Free Encyclopedia. "List of countries by number of military and paramilitary personnel".
https://en.wikipedia.org/w/index.php?title=List_of_countries_by_number_of_military_and_paramilitary_personnel&oldid=787629770
(97) cf. TIME. Bachmann, H., "The Swiss Difference: A Gun Culture That

Works".
http://world.time.com/2012/12/20/the-swiss-difference-a-gun-culture-that-works/
(98) cf. Encyclopedia Britannica. Mayne, R. J. et al., "History of Europe 34". https://www.britannica.com/topic/history-of-Europe
(99) cf. Wikipedia, The Free Encyclopedia. "World War I casualties". https://en.wikipedia.org/wiki/World_War_I_casualties
(100) cf. 三浦耕喜 (2009) ヒトラーの特攻隊：歴史に埋もれたドイツの「カミカゼ」たち．作品社.
(101) cf. 一戸崇雄 (2008) 現代戦車砲の主用砲弾 APFSDS. 軍事研究，vol. 43, no. 8, pp. 66–81.
(102) cf. (2011) *Vehicle Armour: Reactive Armour, Composite Armour, Depleted Uranium, Armor-Piercing Shot and Shell, Glacis, Chobham Armour, Vehicle Armour.* Books LLC.
(103) cf. 斎藤成也 (2016) 歴誌主義宣言，ウェッジ.
(104) cf. EH. Net-Economic History Services. Bugos, G. E. "The History of the Aerospace Industry".
https://eh.net/encyclopedia/the-history-of-the-aerospace-industry/
(105) cf. 濱嶋朗・石川晃弘・竹内郁郎共編 (2009) 社会学小辞典．有斐閣.
(106) cf. Gibney, E. (2016) Google AI algorithm masters ancient game of Go. *Nature* 529, pp. 445–6.
(107) cf. Lai, M. (2015) Giraffe: Using Deep Reinforcement Learning to Play Chess. *CoRR.*
(108) cf. Matisoo-Smith, E. A. (2015) Tracking Austronesian expansion into the Pacific via the paper mulberry plant. *Proceedings of the National Academy of Sciences of the United States of America,* vol. 112, no. 44, pp. 13432–3.
(109) cf. Lahav, O. and Suto, Y. (2004) Measuring our Universe from Galaxy Redshift Surveys. *Living Reviews in Relativity,* vol. 7, no. 1, p. 8.
(110) cf. Chen, Y. M. et al. (2016) The growth of the central region by acquisition of counterrotating gas in star-forming galaxies. *Nature Communications,* vol. 7, p. 13269.
(111) cf. Newton 別冊 (2016) 光速 C 増補第 2 版．ニュートンプレス.
(112) cf. Summers, J. K. et al. (2012) A review of the elements of human well-being with an emphasis on the contribution of ecosystem services. *Ambio,* vol. 41, no. 4, pp. 327–40.

(113) cf. Basner, M. et al. (2014) Psychological and behavioral changes during confinement in a 520-day simulated interplanetary mission to mars. *PLoS One,* vol. 9, no. 3, p. e93298, 2014.

(114) cf. Bilstein, R. E. (1996) *Stages to Saturn: A Technological History of the Apollo/Saturn Launch Vehicles.* History Office.

(115) cf. Rummel, J. D. (2001) Planetary exploration in the time of astrobiology: protecting against biological contamination. *Proceedings of the National Academy of Sciences of the United States of America,* vol. 98, no. 5, pp. 2128–31.

(116) cf. AVIATION, "Questions — How do drones overcome latency?". https://aviation.stackexchange.com/questions/21352/how-do-drones-overcome-latency

(117) cf. SPACE.com. Redd, N. T., "How Long Does It Take to Get to Mars?".
https://www.space.com/24701-how-long-does-it-take-to-get-to-mars.html

(118) cf. Mishkin, A. H., Morrison, J. C., Nguyen, T. T., Stone, H. W., Cooper, B. K. and Wilcox, B. H. (1998) "Experiences with operations and autonomy of the Mars Pathfinder Microrover," in 1998 IEEE Aerospace Conference Proceedings (Cat. No. 98TH8339), vol. 2, pp. 337–51.

(119) cf. NASA, "Robotics".
https://www.nasa.gov/audience/foreducators/robotics/home/index.html

(120) cf. IEEE Robotics and Automation Society, "Space Robotics Technical Committee". http://ewh.ieee.org/cmte/ras/tc/spacerobotics/

(121) cf. WIRED. Mann, A., "Humans vs. Robots: Who Should Dominate Space Exploration?".
https://www.wired.com/2012/04/space-humans-vs-robots/

(122) cf. Fuyuno, I. (2005) Hayabusa ready to head home with asteroid sample. *Nature,* vol. 438, no. 7068, p. 542.

(123) cf. Wikipedia, The Free Encyclopedia. "25143 Itokawa".
https://en.wikipedia.org/wiki/25143_Itokawa

(124) cf. JAXA, Institute of Space and Astronautical Science. "Asteroid "ITOKAWA", Target of "HAYABUSA", Comes in Sight".
http://www.isas.jaxa.jp/e/snews/2003/1226_itokawa.shtml

(125) cf. NEC. "NEC Space Systems".
http://www.nec.com/en/global/ad/hayabusa/qanda/word.html

(126) cf. APOLLO 11 Luner Surface Journal. "The First Lunar Landing".

https://www.hq.nasa.gov/alsj/a11/a11.landing.html
(127) cf. NASA History Office. "Project Apollo: A Retrospective Analysis". https://history.nasa.gov/Apollomon/Apollo.html
(128) cf. JAXA「小惑星探査機「はやぶさ」ついに地球へ帰還！」. http://www.jaxa.jp/article/special/hayabusareturn/index_j.html
(129) cf. NASA Jet Propulsion Laboratory, "Voyager". https://www.jpl.nasa.gov/voyager/
(130) cf. Wikipedia, The Free Encyclopedia. "Project Daedalus". https://en.wikipedia.org/w/index.php?title=Project_Daedalus&oldid=731186410
(131) cf. Freitas, R. A. Jr (1980) A self-reproducing interstellar probe. *Journal of the British Interplanetary Society,* vol. 33, pp. 251–64.

第3章

(1) Google, Amazon.com, Facebook, Apple Inc. の略.
(2) フランク・ハーバード著, 矢野徹訳 (1972–1973) デューン砂の惑星 1~4 巻. ハヤカワ文庫.
(3) cf. BRH JT 生命誌研究館. 服部正平「全体として生きる腸内細菌をはたらきで計測する」, 生命誌ジャーナル 2008 年冬号. http://www.brh.co.jp/seimeishi/journal/059/research_21.html
(4) CYBERDYNE「What's HAL®?」. https://www.cyberdyne.jp/products/HAL/
(5) iRobot「Roomba」. https://www.irobot-jp.com/roomba/index.html
(6) カナセキユニオン商品紹介サイト「窓拭きロボット WINDORO」. https://kanaseki-pickup.com/product/windoro/
(7) 日東建設が開発した, ドローン技術を応用した壁面走行レボット. 株式会社アイティエス「壁面走行ロボット IDA-03」. https://www.itsg.co.jp/ida-03/
(8) J. K. ローリング著, 松岡祐子訳 (1999–2008) ハリー・ポッターシリーズ. 静山社.
(9) cf. 濱田彰一 (2011) サービスロボットのエレベータへの搭乗. 日本ロボット学会誌, vol. 29, no. 9, pp. 765–7. https://www.jstage.jst.go.jp/article/jrsj/29/9/29_9_765/_pdf
(10) cf. 酒井孝寿 (2012) マイクロ水力発電の事務所ビル等への適用. 電気設備学会誌, vol. 32, no. 4, pp. 266–70. https://www.jstage.jst.go.jp/article/ieiej/32/4/32_266/_pdf
(11) 大和ハウス工業株式会社「商品について パロとは？」.

http://www.daiwahouse.co.jp/robot/paro/products/about.html
(12) cf. 三井住友海上「事故データ」.
http://www.ms-ins.com/special/rm_car/accident-data/
(13) cf. KISHO KUROKAWA architect & associates.「プロジェクト 藤沢ニュータウン」. http://www.kisho.co.jp/page/90.html
(14) cf. マイナビウーマン「街中で見るアレの値段はいくら？「信号：470万円」「標識：40 万円」「ポスト：9 万円」」.
https://woman.mynavi.jp/article/140720-26/
(15) cf. 西成活裕 (2006) 渋滞学. 新潮選書.
(16) ゆりかもめ. http://www.yurikamome.co.jp
(17) e.g. 日本信号株式会社「ミリ波踏切障害物検知装置」.
http://www.signal.co.jp/products/railway/productsinfo/2010/03/post-9.php
(18) e.g. ECzine. Eczine 編集部「楽天, ドローン配送システムの実証実験に成功 ドコモ, ACSL と共同の実証実験で」.
http://eczine.jp/news/detail/3897
(19) e.g. ZMP「宅配ロボット CarriRo Deli」.
http://www.zmp.co.jp/products/carriro-delivery
(20) cf. Leung, T. and Vyas, D. (2014) Robotic Surgery: Applications. *American Journal of Robotic Surgery,* vol. 1, no. 1, pp. 1–64.
(21) cf. Aruni, G. Amit, G. and Dasgupta, P. (2018) New surgical robots on the horizon and the potential role of artificial intelligence. *Investigative and Clinical Urology,* vol. 59, no. 4, pp. 221–2.
(22) cf. 清水康夫 (2016) 先端自動車工学. 東京電機大学出版局.
(23) トヨタ自動車東日本株式会社「製品紹介」.
http://www.toyota-ej.co.jp/products/parts.html
(24) cf. Gouraud, J., Delorme, A. and Berberian, B. (2017) Autopilot, Mind Wandering, and the Out of the Loop Performance Problem. *Frontiers in Neuroscience,* vol. 11, p. 541.
(25) cf. NTRS, NASA Technical Reports Surver. Billings, C. E., "Human-Centered Aircraft Automation: A Concept and Guidelines".
http://ntrs.nasa.gov/search.jsp?R=19910022821
(26) cf. ACADEMIA. Kallur, G. B., "HISTORY OF AUTOPILOT".
https://www.academia.edu/27170918/HISTORY_OF_AUTOPILOT
(27) cf. SWI, swissinfo.ch. 屋山明乃「ロボットから人間を考える」.
http://www.swissinfo.ch/jpn/ロボットから人間を考える/5812916
(28) cf. 横山雅司 (2018) ナチス・ドイツ「幻の兵器」大全. 彩図社.

（29） cf. K. ツィオルコフスキー著，早川光雄訳（1961）わが宇宙への空想：偉大なる予言．理論社．

（30） cf. W. ドルンベルガー著，松井巻之助訳（1967）宇宙空間をめざして：V2 号物語．岩波書店．

（31） cf. 渡辺勝巳（2012）完全図解・宇宙手帳：世界の宇宙開発活動「全記録」．講談社．

（32） cf. Smithsonian National Air and Space Museum. Neufeld, M., "Robert Goddard and the First Liquid-Propellant Rocket".
https://airandspace.si.edu/stories/editorial/robert-goddard-and-first-liquid-propellant-rocket

（33） cf. BBC, Future. Hollingham, R. "V2: The Nazi rocket that launched the space age".
http://www.bbc.com/future/story/20140905-the-nazis-space-age-rocket

（34） cf. Sheridan, T. B.（1989）Telerobotics. *Automatica,* vol. 25, pp. 487–507.

（35） cf. TEPCO, Tokyo Electric Power Company, Fukushima Daiichi. "Application of Robot Technology".
https://www4.tepco.co.jp/en/decommision/principles/robot/index-e.html

（36） cf. IEEE SPECTRUM. Strickland, E., "Meet the Robots of Fukushima Daiichi".
https://spectrum.ieee.org/slideshow/robotics/industrial-robots/meet-the-robots-of-fukushima-daiichi

（37） cf. POPULAR MECHANICS. Wilson, D. H., "Robots Are Tougher Than You, Part 2: Nuclear Radiation".
http://www.popularmechanics.com/technology/gadgets/a4506/4212787/

（38） cf. Krisko, A. and Radman, M.（2013）Biology of extreme radiation resistance: the way of Deinococcus radiodurans. *Cold Spring Harbor Perspectives in Biology,* vol. 5.

（39） cf. Fredrickson, J. K., Li, S.-m. W., Gaidamakova, E. K., Matrosova, V. Y., Zhai, M., Sulloway, H. M. et al.（2008）Protein oxidation: key to bacterial desiccation resistance? *The ISME Journal,* vol. 2, pp. 393–403.

（40） cf. Gondokaryono, R. A., Wibowo, P. T., Salman, Y., Agung, P., Budiyarto, A. and Budiyono, A.（2015）Design and Manufacturing and Explosive Ordnance Disposal Robot Chassis. *The Journal of Instrumentation, Automation and Systems,* vol. 2, no. 1.

（41） cf. Vimeo. Sessler, T., "STREETS - NEW YORK CITY".

https://vimeo.com/101895020

(42) cf. IEEE SPECTRUM. Brooks, R., "The Big Problem With Self-Driving Cars Is People".
https://spectrum.ieee.org/transportation/self-driving/the-big-problem-with-selfdriving-cars-is-people

(43) cf. Spenko, M., Buerger, S. and Iagnemma, K. (2018) *The DARPA Robotics Challenge Finals: Humanoid Robots To The Rescue* (Springer Tracts in Advanced Robotics). Springer.

(44) cf. The Mainichi. "Robots' limitations exposed in search for melted nuclear fuel in Fukushima."
https://mainichi.jp/english/articles/20170227/p2a/00m/0na/016000c

(45) cf. E. Guizzo and E. Ackerman. (2015, March 8). How South Korea's DRC-HUBO Robot Won the DARPA Robotics Challenge.
https://spectrum.ieee.org/automaton/robotics/humanoids/how-kaist-drc-hubo-won-darpa-robotics-challenge

(46) cf. 東大新聞オンライン．荒川拓「「より人間らしく」進化を続けるロボット研究　稲葉雅幸教授インタビュー1」.
http://www.todaishimbun.org/inaba1114/

(47) cf. McGinn, C. (1993) *Problems in Philosophy: The Limits of Inquiry*. Wiley-Blackwell.

(48) cf. Springer Nature, Nature Reviews Materials. "Soft robotics".
https://www.nature.com/collections/wpsbvwhdyh

(49) cf. Saunders, F., Trimmer, B. A. and Rife, J. (2011) Modeling locomotion of a soft-bodied arthropod using inverse dynamics. *Bioinspiration & Biomimetics,* vol. 6, no. 1, 016001.

(50) Boston Dynamics. "Boston Dynamics. Changing your idea of what robots can do". https://www.bostondynamics.com

(51) cf. Lasota, P. A. and Shah, J. A. (2015) Analyzing the effects of human-aware motion planning on close-proximity human-robot collaboration. *Human Factors,* vol. 57, no. 1, pp. 21–33.

(52) Scott, R. (1982) "Blade Runner". Warner Bros.

(53) cf. Mnih, V. et al. (2015) Human-level control through deep reinforcement learning. *Nature,* vol. 518, p. 529.

(54) 斎藤成也が考えたこのアイデアは，2019年10月16日付けの日本経済新聞朝刊のディスラプション「超進化論　寿命は自分で選ぶ」のなかで紹介された.

第4章

(1) cf. Dyer, M. G. (1991) Connectionism Versus Symbolism in High-Level Cognition, in *Connectionism and the Philosophy of Mind,* Horgan, T. and Tienson, J. Eds., Springer Netherlands, pp. 382–416.

(2) cf. Neftci, E. O. and Averbeck, B. B. (2019) Reinforcement learning in artificial and biological systems. *Nature Machine Intelligence,* vol. 1, no. 3, pp. 133–43.

(3) cf. Kurzweil, R. (2006) *The Singularity Is Near: When Humans Transcend Biology*. Penguin Books.

(4) cf. Gilpin, W., Feldman, M. W. and Aoki, K. (2016) An ecocultural model predicts Neanderthal extinction through competition with modern humans. *Proceedings of the National Academy of Sciences,* vol. 113, no. 8, pp. 2134–9.

(5) cf. Kochiyama, T. et al. (2018) Reconstructing the Neanderthal brain using computational anatomy. *Scientific Reports,* vol. 8, no. 1, p. 6296.

(6) cf. 趙治勲 (1994) 発想をかえる囲碁とっておき上達法. 日本棋院.

(7) cf. Heisenberg, W. (1927) Über den anschaulichen Inhalt der quantentheoretischen Kinematik und Mechanik. *Zeitschrift für Physik,* vol. 43, no. 3–4, pp. 172–98.

(8) cf. Go Artificial Intelligence. Coates, A., "Search Space Complexity". http://ai-depot.com/LogicGames/Go-Complexity.html

(9) cf. Yee A. and Alvarado, M. (2012) Pattern Recognition and Monte-CarloTree Search for Go Gaming Better Automation, in *Advances in Artificial Intelligence – IBERAMIA 2012,* Springer, pp. 11–20.

(10) cf. Silver, D. et al. (2016) Mastering the game of Go with deep neural networks and tree search. *Nature,* vol. 529, no. 7587, pp. 484–9.

(11) cf. 淵一博・広瀬健著 (1984) 第五世代コンピュータの計画 (Monad books). 海鳴社, p. 86.

(12) cf. Mouritsen, H., Heyers, D. and Gunturkun, O. (2016) The Neural Basis of Long-Distance Navigation in Birds. *Annual Review of Physiology,* vol. 78, pp. 133–54.

(13) cf. Grah, G., Wehner, R. and Ronacher, B. (2007) Desert ants do not acquire and use a three-dimensional global vector. *Frontiers in Zoology,* vol. 4, p. 12.

(14) cf. Manning, A. G., Khakimov, R. I., Dall, R. G. and Truscott, A. G. (2015) Wheeler's delayed-choice gedanken experiment with a single atom. *Nature Physics,* vol. 11, pp. 539–42.

(15)　ロジャー・ペンローズ著，林一訳（1994）皇帝の新しい心：コンピュータ・心・物理法則．みすず書房．

(16)　森政弘（1970）不気味の谷．*Energy,* vol. 7, no. 4, pp. 33–5.

(17)　cf. 手塚治虫（1979）interview 手塚治虫 珈琲と紅茶で深夜まで…．ぱふ，1979 年 10 月号，pp. 39–72.

(18)　cf. みなもと太郎（2017）マンガの歴史（岩崎調べる学習新書）．岩崎書店．

(19)　cf. マガジン航．中野晴行「ネオ・漫画産業論　第 8 回 中国に見る新しいマンガ・コンテンツの波」．
https://magazine-k.jp/2019/04/16/neo-manga-industry-08/

(20)　cf. 萩尾望都（2018）私の少女マンガ講義．新潮社．

(21)　cf. Henne, M. and Hickel, H.（1996）"The Making of "Toy Story"," presented at the Proceedings of the 41st IEEE International Computer Conference.

(22)　cf. Pixar, "Our story". https://www.pixar.com/our-story-1

(23)　cf. Christensen, P. et al.（2018）RenderMan: An Advanced Path-Tracing Architecture for Movie Rendering. *ACM Transactions on Graphics,* vol. 37, no. 3, pp. 1–21.

(24)　Lisberger, S.（1982）"TRON", Disney.

(25)　出崎統（1983）ゴルゴ 13（映画）．東宝東和．

(26)　cf. AREA JAPAN. 浅野秀二「トレンド&テクノロジー／VFX の話をしよう　第 2 回：日本 CG 黎明期」．映像 +2, 2007 年 11 月．
https://area.autodesk.jp/column/trend_tech/vfx/cgdawning/

(27)　坂口博信（2001）ファイナルファンタジー（映画）．ギャガ．

(28)　cf. Westbrook, K. E. and Varacallo, M.（2019）Anatomy, Head and Neck, Facial Muscles, in StatPearls [Internet].
https://www.ncbi.nlm.nih.gov/books/NBK493209/

(29)　cf. Glas, D. F., Minato, T., Ishi, C. T., Kawahara, T. and Ishiguro, H.（2016）"ERICA: The ERATO Intelligent Conversational Android," in 2016 25th IEEE International Symposium on Robot and Human Interactive Communication（RO-MAN）, pp. 22–9.

(30)　cf. 士郎正宗（1991）攻殻機動隊 1. 講談社．

(31)　cf. Masamune, S.（2017）*The Ghost in the Shell.* Kodansha Comics.

(32)　cf. 相田裕（2002）GUNSLINGER GIRL. メディアワークス．

(33)　cf. Aida, Y.（2011）Gunslinger Girl Omnibus Collection. Seven Seas.

(34)　cf. Cinel, C., Valeriani, D. and Poli, R.（2019）Neurotechnologies for

Human Cognitive Augmentation: Current State of the Art and Future Prospects. *Frontiers in Human Neuroscience,* vol. 13, p. 13.
(35) cf. Marks, L. J. and Michael, J. W. (2001) Science, medicine, and the future: Artificial limbs. *British Medical Journal* (Clinical research ed.), vol. 323, no. 7315, pp. 732–5.
(36) cf. Vogel, T. R., Petroski, G. F. and Kruse, R. L. (2014) Impact of amputation level and comorbidities on functional status of nursing home residents after lower extremity amputation. *Journal of Vascular Surgery,* vol. 59, no. 5, pp. 1323–30.
(37) cf. Adolph, K. E. and Franchak, J. M. (2017) The development of motor behavior. *Wiley Interdisciplinary Reviews, Cognitive Science,* vol. 8, no. 1–2.
(38) cf. Buckingham, G., Parr, J., Wood, G., Vine, S., Dimitriou, P. and Day, S. (2018) The impact of using an upper-limb prosthesis on the perception of real and illusory weight differences. *Psychonomic Bulletin & Review,* vol. 25, no. 4, pp. 1507–16.
(39) cf. Gajewski, D. and Granville, R. (2006) The United States Armed Forces Amputee Patient Care Program. *Journal of the American Academy of Orthopaedic Surgeons,* vol. 14, no. 10, pp. S183–7.
(40) cf. Norton, K. M. (2007) A Brief History of Prosthetics. *Amputee Coalition,* vol. 17, no. 7, pp. 11–3.
(41) cf. GIZMODO. Dvorsky, G., "This 3,000-Year-Old Prosthetic Wooden Toe is More Incredible Than We Thought".
https://gizmodo.com/this-3-000-year-old-prosthetic-wooden-toe-is-more-incre-1796274259
(42) cf. Thurston, A. J. (2007) Pare and prosthetics: the early history of artificial limbs. *ANZ Journal of Surgery,* vol. 77, no. 12, pp. 1114–9.
(43) cf. Yakovenko, S., Mushahwar, V., VanderHorst, V., Holstege, G. and Prochazka, A. (2002) Spatiotemporal activation of lumbosacral motoneurons in the locomotor step cycle. *Journal of Neurophysiology,* vol. 87, pp. 1542–53.
(44) cf. Williamson, P. (1989) Something of Importance. *London Review of Books,* vol. 11, no. 3, pp. 11–2.
(45) cf. Gomory, R. E. (1992) The U. S. Government's Role in Science & Technology. *Proceedings of the American Philosophical Society,* vol. 136, no. 1, pp. 79–84.

(46) cf. Cordella, F. et al. (2016) Literature Review on Needs of Upper Limb Prosthesis Users. *Frontiers in Neuroscience,* vol. 10, p. 209.

(47) cf. Spiegel, J. V. d., Zhang, M. and Liu, X. (2016) "System-on-a-chip Brain-Machine-Interface design - a review and perspective," in 2016 13th IEEE International Conference on Solid-State and Integrated Circuit Technology (ICSICT), pp. 203–6.

(48) cf. Daly, J. J. and Huggins, J. E. (2015) Brain-computer interface: current and emerging rehabilitation applications. *Archives of Physical Medicine and Rehabilitation,* vol. 96, no. 3, Supplement, pp. S1–7.

(49) cf. Kawato, M. (2008) "Brain-controlled robots," in 2008 IEEE International Conference on Robotics and Automation, 2008, p. xix.

(50) cf. 2016 茨城県立土浦第一高等学校宣伝広報委員会「一高祭」.
https://t1sendenkouhou.wixsite.com/69th1kousai

(51) cf. Bozkurt, A. et al. (2014) Toward Cyber-Enhanced Working Dogs for Search and Rescue. *IEEE Intelligent Systems,* vol. 29, no. 6, pp. 32–9.

(52) cf. Sankai, Y. (2006) "Leading Edge of Cybernics: Robot Suit HAL," in 2006 SICE-ICASE International Joint Conference, pp. P-1–P-2.

(53) cf. Merabet, L. B. (2011) Building the bionic eye: an emerging reality and opportunity. *Progress in Brain Research,* vol. 192, pp. 3–15.

(54) cf. Marasco, P. D., Kim, K., Colgate, J. E., Peshkin, M. A. and Kuiken, T. A. (2011) Robotic touch shifts perception of embodiment to a prosthesis in targeted reinnervation amputees. *Brain: A Journal of Neurology,* vol. 134, pt 3, pp. 747–58.

(55) cf. Degenhart, A. D. et al. (2018) Remapping cortical modulation for electrocorticographic brain-computer interfaces: a somatotopy-based approach in individuals with upper-limb paralysis. *Journal of Neural Engineering,* vol. 15, no. 2, 026021.

(56) cf. ペンフィールド/ラスムッセン著，岩本隆茂・中原淳一・西里静彦訳 (1986) 脳の機能と行動．福村出版．

(57) cf. Lyu, Y., Guo, X., Bekrater-Bodmann, R., Flor, H. and Tong, S. (2016) Phantom limb perception interferes with motor imagery after unilateral upper-limb amputation. *Scientific Reports,* vol. 6, 21100.

(58) cf. National Research Council (US) Committee on Disability Determination for Individuals with Hearing Impairments (2004) *Hearing Loss: Determining Eligibility for Social Security Benefits,* R. A. Dobie and S. Van Hemel, Eds., National Academies Press.

(59) cf. Malcolm, M., Frost, H., and Cowie, J. (2019) Loneliness and social isolation causal association with health-related lifestyle risk in older adults: a systematic review and meta-analysis protocol. *Systematic Reviews*, vol. 8, no. 1, p. 48.

(60) cf. Hawkley, L. C., Preacher, K. J. and Cacioppo, J. T. (2010) Loneliness impairs daytime functioning but not sleep duration. *Health Psychology: Official Journal of the Division of Health Psychology, American Psychological Association*, vol. 29, no. 2, pp. 124–9.

(61) cf. 土堤内昭雄 (2010) 若者の社会的孤立について～公平な人生のスタートラインをつくる～. *NLI Research Institute REPORT July 2010.*
https://www.nli-research.co.jp/files/topics/38801_ext_18_0.pdf?site=nli

(62) cf. facebook Newsroom, Company Info.
https://newsroom.fb.com/company-info/

(63) cf. Ralston, A., Reilly, E. D., Hemmendinger, D. eds. (2003) *Encyclopedia of Computer Science* 4th ed. Wiley, pp. 1801–2.

(64) cf. Glas, D.F., Minato, T., Ishi, C. T., Kawahara, T. and Ishiguro, H. (2016) "ERICA: The ERATO Intelligent Conversational Android," in 2016 25th IEEE International Symposium on Robot and Human Interactive Communication (RO-MAN), pp. 22–9.

(65) cf. Yamaguchi, J., Parone, C., Di Federico, D., Beomonte Zobel, P. and Felzani, G. (2015) Measuring Benefits of Telepresence robot for Individuals with Motor Impairments. *Studies in Health Technology and Informatics*, vol. 217, pp. 703–9.

(66) cf. Tachi, S., Arai, H., Maeda, T., Oyama, E., Tsunemoto, N. and Inoue, Y. (1991) "Tele-existence in real world and virtual world," in Fifth International Conference on Advanced Robotics 'Robots in Unstructured Environments, vol. 1, pp. 193–8.

(67) cf. Sivashanker, K. (2013) Cyberbullying and the digital self. *Journal of the American Academy of Child and Adolescent Psychiatry*, vol. 52, no. 2, pp. 113–5.

(68) cf. Cipresso, P., Giglioli, I. A. C., Raya, M. A. and Riva, G. (2018) The Past, Present, and Future of Virtual and Augmented Reality Research: A Network and Cluster Analysis of the Literature. *Frontiers in Psychology*, vol. 9, p. 2086.

(69) cf. Chong, Y., Sethi, D. K., Loh, C. H. Y. and Lateef, F. (2018) Going Forward with Pokemon Go. *Journal of Emergencies, Trauma, and Shock*,

vol. 11, no. 4, pp. 243-6.
(70) cf. Druga, M. (2018) Pokemon GO: Where VR and AR Have Gone Since Its Inception. *IEEE Potentials,* vol. 37, no. 1, pp. 23-6.
(71) Villeneuve, D. (2017) "Blade Runner 2049". Warner Bros.
(72) Spottiswoode, R. (2000) "The 6th Day". Sony Pictures Entertainment.
(73) cf. 文部科学省「研究機関等における動物実験等の実施に関する基本指針」. http://www.mext.go.jp/b_menu/hakusho/nc/06060904.htm
(74) cf. Riess, H. (2017) The Science of Empathy. *Journal of Patient Experience,* vol. 4, no. 2, pp. 74-7.
(75) cf. Perez-Manrique, A. and Gomila, A. (2018) The comparative study of empathy: sympathetic concern and empathic perspective-taking in non-human animals. *Biological Reviews of the Cambridge Philosophical Society,* vol. 93, no. 1, pp. 248-69.
(76) cf. Carr, L., Iacoboni, M., Dubeau, M.-C., Mazziotta, J. C. and Lenzi, G. L. (2003) Neural mechanisms of empathy in humans: a relay from neural systems for imitation to limbic areas. *Proceedings of the National Academy of Sciences of the United States of America,* vol. 100, no. 9, pp. 5497-502.
(77) cf. Cross, E. S., Riddoch, K. A., Pratts, J., Titone, S., Chaudhury, B. and Hortensius, R. (2019) A neurocognitive investigation of the impact of socializing with a robot on empathy for pain. *Philosophical Transactions of the Royal Society B, Biological Science,* vol. 374, no. 1771, 20180034.
(78) cf. アイザック・アシモフ著，小尾芙佐訳 (2004) われはロボット．ハヤカワ文庫.

第5章

(1) 門田和雄監修 (2007) 読んで楽しいロボット大図鑑．PHP 研究所.
(2) 中山眞 (2006) ロボットが日本を救う．東洋経済新聞社.
(3) アナ・マトロニック著，片山美佳子訳 (2017) ロボットの歴史をつくったロボット 100. 日経ナショナルジオグラフィック社.
(4) 国立科学博物館・読売新聞東京本社事業開発部編 (2007) 大ロボット博．読売新聞東京本社.
(5) 堀田純司 (2008) 人とロボットの秘密．講談社.
(6) 南蔦宏ら編 (2004) 生人形と松本喜三郎．「生人形と松本喜三郎」展実行委員会.
(7) 久保明教 (2015) ロボットの人類学．世界思想社.
(8) カレル・チャペック著，千野栄一訳 (1989) ロボット (R.U.R.)．岩波文

庫.

(9) cf. アイザック・アシモフ著，小尾芙佐訳（2004）われはロボット．ハヤカワ文庫.

(10) cf. 国立新美術館「ニッポンのマンガ＊アニメ＊ゲーム」.
http://www.nact.jp/exhibition_special/2015/magj/

(11) cf. British Museum, "The Citi exhibition Manga マンガ".
https://www.britishmuseum.org/whats_on/exhibitions/manga.aspx

(12) 手塚治虫（1951-2）アトム大使.『少年』にて連載.

(13) Čapek, K.（1920）R.U.R. Prague Aventinum.

(14) 手塚治虫（1952-68）鉄腕アトム.『少年』にて連載.

(15) 前谷惟光（1955-7）ロボット三等兵．寿書房.

(16) 横山光輝（1956-66）鉄人 28 号.『少年』にて連載.

(17) 横山光輝（，小沢さとる）（1967）ジャイアントロボ.『週刊少年サンデー』にて連載.

(18) Scott, R.（1979）"Alien". 20th Century Fox.

(19) 宮﨑駿（1982-94）風の谷のナウシカ（漫画）.『アニメージュ』にて連載.

(20) 宮﨑駿（1984）風の谷のナウシカ（映画）．東映.

(21) 庵野秀明ほか（1995-6）新世紀エヴァンゲリオン．テレビ東京.

(22) 芹川有吾ほか（1972-4）マジンガーZ（テレビアニメ）．フジテレビ.

(23) 富野喜幸・長浜忠夫（1975-6）勇者ライディーン．NET テレビ.

(24) cf. 萩尾望都（2003）A-A'．小学館文庫.

(25) 富野喜幸（1979-80）機動戦士ガンダム．名古屋テレビ.

(26) ロバート・A・ハインライン著，矢野徹訳（1967）宇宙の戦士．ハヤカワ文庫.

(27) cf. 士郎正宗（1991）攻殻機動隊 1．講談社.

(28) cf. Whitson, J. R.（2018）Voodoo software and boundary objects in game development: How developers collaborate and conflict with game engines and art tools. *New Media & Society,* vol. 20, no. 7, pp. 2315-32.

(29) cf. Kohara, I. and Niimi, R.（2013）The Shot Length Styles of Miyazaki, Oshii, and Hosoda: A Quantitative Analysis. *Animation,* vol. 8, no. 2, pp. 163-84.

(30) cf. Chun, W. H. K.（2008）*Control and Freedom: Power and Paranoia in the Age of Fiber Optics.* The MIT Press, p. 364.

(31) ルーディ・ラッカー著，黒丸尚訳（1989）ソフトウェア．ハヤカワ文庫.

(32) cf. Kaneko, K. et al.（2004）"Humanoid robot HRP-2," in IEEE Interna-

tional Conference on Robotics and Automation, 2004. *Proceedings. ICRA '04. 2004,* vol. 2, pp. 1083-90.

(33) cf. Hahn, J. K. (1988) Realistic animation of rigid bodies. *ACM SIGGRAPH Computer Graphics,* vol. 22, no. 4, pp. 299-308.

(34) cf. Clarke. A. C. (1945) V2 for ionosphere research? *Wireless World,* Feb. 1945, p. 58.

(35) Lang, F. (1927) "Metropolis". Universum Film (UFA).

(36) Lucas, G. (1977) "Star Wars: Episode IV - A New Hope". Twentieth Century Fox.

(37) cf. 森政弘 (1970) 不気味の谷. *Energy,* vol. 7, no. 4, pp. 33-5.

(38) Trumbull, D. (1972) "Silent Running". Universal Pictures.

(39) cf. King, J. (1938) "Donald's Nephews". RKO Radio Pictures.

(40) Kubrick, S. (1968) "2001: A Space Odyssey". British Film Institute (BFI).

(41) Scott, R. (1979) "Alien". 20th Century Fox.

(42) cf. HR GIGER, The Official Website. http://www.hrgiger.com/

(43) Carpenter, J. (1974) "Dark Star". Bryanston Distributing Company.

(44) Scott, R. (1982) "Blade Runner". Warner Bros.

(45) フィリップ・K・ディック著，浅倉久志訳 (1977) アンドロイドは電気羊の夢を見るか？ ハヤカワ文庫.

(46) cf. Wada, K., Takasawa, Y. and Shibata, T. (2013) "Robot therapy at facilities for the elderly in Kanagawa prefecture - A report on the experimental result of the first week," in 2013 IEEE RO-MAN, pp. 757-61.

(47) Stanton, A. (2008) "WALL-E". Walt Disney Studios Motion Pictures.

(48) cf. Relethford, J. H. (2008) Genetic evidence and the modern human origins debate. *Heredity,* vol. 100, pp. 555-63.

(49) cf. United Nations, "Population Division, World Population Prospects 2019". https://population.un.org/wpp/

(50) cf. 大和投資信託「Market Eyes No. 258　人口増加がカナダ経済の成長を下支え」.
https://www.daiwa-am.co.jp/specialreport/market_eyes/no258.html

(51) cf. 内閣府経済社会総合研究所．是川夕・岩澤美帆「ESRI Discussion Paper Series No. 226　増え続ける米国人口とその要因：人種・エスニシティ・宗教における多様性」.
http://www.esri.go.jp/jp/archive/e_dis/e_dis226/e_dis226.html

(52) Lynch, M. (2016) Mutation and Human Exceptionalism: Our Future

Genetic Load. *Genetics,* vol. 202, no. 3, pp. 869–75.

(53)　この節で開陳した考えは，本書の共著者である太田聡史がそもそも発想したことであるが，もうひとりの共著者である斎藤成也も同意していることを付け加えておく．

※掲載している URL に関しては，2019 年 9 月・10 月最終アクセス．

ラリルレロボットの未来
5分類からみえてくる人間とのかかわり

2020年1月20日　第1版第1刷発行

著　者　斎《さい》藤《とう》成《なる》也《や》
　　　　太《おお》田《た》聡《さと》史《し》

発行者　井村寿人

発行所　株式会社　勁《けい》草《そう》書房

112-0005　東京都文京区水道2-1-1　振替　00150-2-175253
（編集）電話　03-3815-5277／FAX　03-3814-6968
（営業）電話　03-3814-6861／FAX　03-3814-6854
平文社・松岳社

© SAITOU Naruya, OOTA Satoshi　2020

ISBN978-4-326-05018-5　Printed in Japan

JCOPY ＜出版者著作権管理機構 委託出版物＞
本書の無断複写は著作権法上での例外を除き禁じられています.
複写される場合は，そのつど事前に，出版者著作権管理機構
（電話 03-5244-5088，FAX 03-5244-5089，e-mail: info@jcopy.or.jp）
の許諾を得てください.

＊落丁本・乱丁本はお取替いたします。

http://www.keisoshobo.co.jp

河島茂生編著　ＡＩ時代の「自律性」　未来の礎となる概念を再構築する　Ａ５判　三五〇〇円

大黒岳彦　情報社会の〈哲学〉　グーグル・ビッグデータ・人工知能　四六判　三六〇〇円

吉川孝・横地徳広・池田喬編著　映画で考える生命環境倫理学　Ａ５判　二三〇〇円

小山虎編著　信頼を考える　リヴァイアサンから人工知能まで　Ａ５判　四七〇〇円

山本勲編著　人工知能と経済　Ａ５判　五〇〇〇円

ウゴ・パガロ　ロボット法　新保史生監訳　四五〇〇円

第二東京弁護士会情報公開・個人情報保護委員会編　ＡＩ・ロボットの法律実務Ｑ＆Ａ　Ａ５判　三五〇〇円

＊表示価格は二〇二〇年一月現在。消費税は含まれておりません。